广东农业技术服务"轻骑兵"实用技术丛书

猪群
重点疫病免疫净化技术

广东省农业技术推广中心◎组编

SPM
南方传媒 | 广东科技出版社
全国优秀出版社
· 广 州 ·

图书在版编目（CIP）数据

猪群重点疫病免疫净化技术 / 广东省农业技术推广中心组编.
—广州：广东科技出版社，2023.6
（广东农业技术服务"轻骑兵"实用技术丛书）
ISBN 978-7-5359-8054-0

Ⅰ.①猪… Ⅱ.①广… Ⅲ.①养猪场—防疫 Ⅳ.①S858.28

中国国家版本馆CIP数据核字（2023）第013845号

猪群重点疫病免疫净化技术
Zhuqun Zhongdian Yibing Mianyi Jinghua Jishu

出 版 人：严奉强
项目策划：区燕宜
责任编辑：区燕宜 杨 涵 于 焦
封面设计：柳国雄
责任校对：曾乐慧 李云柯
责任印制：彭海波
出版发行：广东科技出版社
　　　　　（广州市环市东路水荫路11号 邮政编码：510075）
销售热线：020-37607413
https://www.gdstp.com.cn
E-mail：gdkjbw@nfcb.com.cn
经　　销：广东新华发行集团股份有限公司
排　　版：创溢文化
印　　刷：广州市彩源印刷有限公司
　　　　　（广州市黄埔区百合三路8号 邮政编码：510700）
规　　格：889 mm×1 194 mm　1/32　印张3　字数60千
版　　次：2023年6月第1版
　　　　　2023年6月第1次印刷
定　　价：25.00元

如发现因印装质量问题影响阅读，请与广东科技出版社印制室
联系调换（电话：020-37607272）。

《猪群重点疫病免疫净化技术》
编写委员会

主　　编：林旭埜　江西博美莱生物科技有限公司

　　　　　邱深本　广东科贸职业学院动物科技学院

　　　　　魏学峰　金宇保灵生物药品有限公司

副 主 编：樊福好　广东省农业技术推广中心

　　　　　李　亮　广东省农业技术推广中心

编写人员：刘　威　江西博美莱生物科技有限公司

　　　　　李桂珍　广东科贸职业学院动物科技学院

　　　　　但　丁　广东省农业技术推广中心

　　　　　刘国民　金宇保灵生物药品有限公司

　　　　　陈九连　金宇保灵生物药品有限公司

　　　　　高日明　金宇保灵生物药品有限公司

　　　　　贾　英　金宇保灵生物药品有限公司

　　　　　李其昌　海泰达生物科技（广州）有限公司

　　　　　陈汉锶　海泰达生物科技（广州）有限公司

　　　　　林梓栋　海泰达生物科技（广州）有限公司

　　　　　邹伟斌　南通海泰生物科技有限公司

　　　　　赵　婧　广东海泰达生物科技有限公司

主编简介

　　林旭埜，高级兽医师，曾任中国畜牧兽医学会生物制品学分会副理事长。在兽用生物制品领域创新和管理方面有近30年的工作经验，先后参与或主持开发新产品10余项，获国家发明专利授权9项、新药证书5项；主持国家发展和改革委员会、科学技术部、国家海洋局，以及广东省级等科研项目数十项。入选江苏省"双创计划"领军人才、江西省"双千计划"、广州市"产业高端人才"。创新成果获得中华农业科技奖一等奖、广东省农业技术推广奖一等奖等。

　　邱深本，广东科贸职业学院教授，第四届全国农业职业教育教学名师，广东省职业教育"双师型"名教师工作室主持人，广东省高等职业教育优秀教学团队负责人，第七届广东省高校教学名师。"动物疫病防控"省级精品共享课程负责人。主持省级科研项目6项，其中产学研课题1项，主编"十二五"职业教育国家规划教材《动物药理》，发表专业学术论文40多篇，其中教改论文3篇，SCI论文6篇。曾获得省部级奖8项，获专利4项，成果登记3项。

　　魏学峰，金宇生物技术股份有限公司副董事长兼总兽医师、辽宁益康生物股份有限公司（下属企业）董事长、金宇兽用疫苗国家工程实验室主任。一直在金宇保灵生物药品有限公司（原内蒙古生

物药品厂）从事兽用生物制品生产、检验、研发和销售等工作。曾任检验班长，监察室副主任、主任，总工程师，技术总监，营销公司总经理等职务。在兽用疫苗新品研发、生产工艺技术改进提升方面做出了突出成绩。

前　言

Qianyan

　　近年来，随着生猪养殖业的规模化、集约化发展，以及国际交流和国际贸易日渐频繁，猪疫病出现的频率越来越高，因此结合疫病的种类及其复杂性等特点，做好猪群重点疫病的净化工作非常重要。为了减少猪疫病所带来的经济损失，首先应该及时了解疫病的流行特点，同时在政府相关部门主导下，通过科技支撑、强化企业重视等方式开展猪疫病的净化工作。一方面应该加强生物安全措施，做好疫病的监测工作，在具体净化的过程中，严格按照相关的法律法规和政策进行，同时保证各项措施的完善落实，从而有效地控制疫病传播和蔓延；另一方面是在具体净化的过程中，结合流行病学调查来制订科学合理的免疫方案，这样才能够有效地扑杀患病猪，控制猪疫病的蔓延和扩散。本书旨在依照动物疫病免疫净化相关的法律法规和政策要求，通过制订科学合理的免疫计划方案，为猪群重点疫病的净化工作提供参考。

　　猪群重点疫病免疫净化，是指在特定场群或区域消灭猪群重点疫病，从而实现对猪群重点疫病源头的控制，这是推动无疫区建设的重要基础，也是保障公共卫生安全的重要内容。首先，在制订具体的免疫方案之前，详细分析猪群疫病监测的实际情况和当地疫病的发生规律，使免疫程序的设计合理规范，这样可有效提升免疫效果，为疫病的净化提供保证。其次，在具体的猪免疫过程中，需要科学选用疫苗并按照规范的免疫程序进行接种，同时参照疫苗说明书，结合猪只的体重选择具体的用量及注射方法，以保证免疫效果。最后，可以对不同疫苗的免疫操作程序进行适当调整，以此来保证操作流程的规范性。免疫后还应按期监测免疫效果及猪群疫病微生物的载量，从而把握相应重点疫病免疫净化的进程。

本书主要内容包括动物疫病免疫净化法规依据、动物疫病免疫净化基本知识、重点疫病免疫净化技术、免疫参考程序、动物疫病免疫净化监测技术和动物疫病免疫净化评估认证六部分，可供养猪场、职业农民培训使用，也可作为动物防疫监督部门和畜牧兽医专业在校师生的参考资料。

因时间仓促，编者掌握的各种资源有限，各位读者在阅读本书过程中如发现不足之处望及时反馈，以便修改完善。

编　者

2023年3月

目 录
Mulu

第一章　动物疫病免疫净化法规依据 / 001

　一、《动物防疫法》/ 002

　二、《农业农村部关于推进动物疫病净化工作的意见》/ 003

　三、《广东省动物防疫条例》/ 006

第二章　动物疫病免疫净化基本知识 / 007

　一、免疫概述 / 008

　二、猪免疫系统的构成 / 009

　三、免疫系统的功能 / 024

　四、免疫应答 / 025

第三章　重点疫病免疫净化技术 / 031

　一、猪瘟 / 032

　二、猪伪狂犬病 / 039

　三、猪繁殖与呼吸综合征 / 052

　四、口蹄疫 / 062

第四章　免疫参考程序 / 067

　一、种母猪的免疫参考程序 / 068

　二、种公猪的免疫参考程序 / 069

　三、肉猪的免疫参考程序 / 069

四、免疫技术要求 / 070

第五章　动物疫病免疫净化监测技术 / 071

一、病原净化检测 / 072

二、抗体检测 / 073

第六章　动物疫病免疫净化评估认证 / 075

一、种猪场主要疫病净化评估标准 / 076

二、动物疫病净化示范场创建场申报 / 083

参考文献 / 084

第一章
动物疫病免疫净化法规依据

动物疫病净化不但能提高养殖水平及效益，更是国家法定的义务，其对提高我国动物产品的国际竞争力意义重大。2021年1月22日第二次修订通过的《中华人民共和国动物防疫法》（以下简称《动物防疫法》）及2021年12月1日修订通过的《广东省动物防疫条例》都做了相应规定：在全面防控的基础上，推动动物疫病从预防、有效控制向逐步净化、消灭转变。为更好地净化动物疫病，农业农村部出台了《关于推进动物疫病净化工作的意见》。

一、《动物防疫法》

《动物防疫法》中有关条例就规定了动物疫病净化相关内容。其中与动物疫病免疫净化有关的条例如下（见《动物防疫法》第一章　总则）。

1）为了加强对动物防疫活动的管理，预防、控制、净化、消灭动物疫病，促进养殖业发展，防控人畜共患传染病，保障公共卫生安全和人体健康，制定本法。

2）本法所称动物，是指家畜家禽和人工饲养、捕获的其他动物。

本法所称动物产品，是指动物的肉、生皮、原毛、绒、脏器、脂、血液、精液、卵、胚胎、骨、蹄、头、角、筋，以及可能传播动物疫病的奶、蛋等。

本法所称动物疫病，是指动物传染病，包括寄生虫病。

本法所称动物防疫，是指动物疫病的预防、控制、诊疗、净化、消灭和动物、动物产品的检疫，以及病死动物、病害动物产品的无害化处理。

3）动物防疫实行预防为主，预防与控制、净化、消灭相结合的方针。

二、《农业农村部关于推进动物疫病 净化工作的意见》

为贯彻落实《动物防疫法》有关要求，推进动物疫病净化工作，不断提高养殖环节生物安全管理水平，促进畜牧业高质量发展，农业农村部提出相关意见。

（一）重要意义

实施动物疫病净化消灭，是动物疫病防控的重要路径，也是动物疫病防控的最终目标。我国是畜牧业大国，动物疫病病种多、病原复杂、流行范围广、防控难度大，特别是非洲猪瘟传入我国后，传统的防控手段和措施受到了前所未有的挑战。2021年5月1日修订施行的《动物防疫法》，明确将"净化消灭"纳入动物防疫的方针和要求。当前和今后一段时期，开展动物疫病净化，是深入贯彻落实《动物防疫法》，强化养殖场生物安全管理，推进动物防疫工作转型升级的重要举措；是减少环境病原和死淘畜禽量，降低资源消耗和兽药使用量，促进畜牧业高质量发展的必然要求；是提高畜禽生产性能和产品质量，促进产业提质增效和农牧民增产增收，助力乡村振兴战略实施的重要抓手。

（二）主要任务

1）明确净化范围。以种畜禽场为重点，扎实开展猪伪狂犬病、猪瘟、猪繁殖与呼吸综合征、禽白血病、禽沙门氏菌病等垂直传播性疫病净化，从源头提高畜禽健康安全水平。以种畜场、奶畜场和规模养殖场为对象，稳步推进布鲁氏菌病、牛结核病等人畜共患病净化，实现人病兽防、源头防控。以种畜禽场和规模养殖场为

切入点，探索进行非洲猪瘟、高致病性禽流感、口蹄疫等重大动物疫病净化。

2）集成净化技术。开展动物疫病净化关键技术集成和应用，推广免疫、监测、检疫、隔离、消毒、淘汰、扑杀、无害化处理等净化综合技术措施。完善重点疫病净化技术标准和规范，建立健全适用于不同场区、不同病种和不同阶段的净化技术方案。推进重点疫病净化关键技术攻关，强化新型疫苗和诊断技术研发，建立完善检测方法和诊断试剂筛选评价规范。

3）完善净化模式。结合地域特征、养殖情况、疫病特点及流行状况，优先选择有自然或人工屏障优势，以及工作基础较好的地区和养殖场户开展净化，通过净化一种或多种疫病提升区域动物疫病综合防控水平。探索构建点、线、面相结合的动物疫病净化组织形式，推广垂直净化和水平净化、免疫净化和非免疫净化、单病种净化和多病种协同净化等多种净化模式，培育一批先进典型净化场，打造一批动物疫病净化品牌。

4）做好净化指导。各级动物疫病预防控制机构要做好动物疫病净化技术指导和培训。支持各类兽医技术服务单位、动物疫病诊断检测机构、兽药生产经营企业等延伸服务内容，提供动物疫病净化相关的免疫、监测、消毒、无害化处理等社会化服务。通过多种媒体载体渠道，大力宣传动物疫病净化工作进展和成效，扩大社会影响，营造良好氛围。

5）开展净化评估。农业农村部组织制定有关评估标准规范和评估程序，开展国家级动物疫病净化场评估，公布和动态调整国家级净化场名单。省级农业农村部门负责省级动物疫病净化场评估并公布名单，组织国家级动物疫病净化场申报。各级动物疫病预防控制机构对动物疫病净化效果进行监测和评估，建立健全动物疫病净化场评估管理制度，巩固扩大净化成果。

（三）保障措施

1）强化组织领导。农业农村部负责全国动物疫病净化工作。中国动物疫病预防控制中心具体组织实施，制定发布净化评估技术规范和评估管理指南等。省级农业农村部门负责本辖区动物疫病净化工作，成立动物疫病净化工作领导小组，明确责任机构和分工安排，组建技术专家队伍，确定协调联络人员。各级农业农村部门要积极向党委政府汇报，加强与有关部门沟通，协调解决动物防疫检疫机构队伍、仪器设备、基础设施、经费保障等关键问题。

2）强化政策支持。通过省级以上评估的动物疫病净化场，优先纳入国家动物疫病无疫区和无疫小区建设评估范围。将动物疫病净化与畜牧业发展支持政策结合，申请种畜禽生产经营许可证、申报畜禽养殖标准化示范场、实施国家畜禽遗传改良计划等，优先考虑通过动物疫病净化评估的养殖场。各级农业农村部门在统筹安排涉农项目资金时，优先支持开展动物疫病净化相关工作。鼓励各地实施动物疫病净化补助，对通过评估的动物疫病净化场进行先建后补、以奖代补。

3）强化评估管理。指导养殖场户和企业落实防疫主体责任，建立健全净化工作制度，组建专门工作团队，确保各项措施落实到位。省级农业农村部门要落实属地管理责任，建立健全净化评估评价机制，开展抽样检测，落实管理措施。对不符合要求的动物疫病净化场，要及时提出整改意见并限期整改；经整改仍不符合要求的，从净化场名单中剔除。农业农村部将重点针对国家级动物疫病净化场，组织开展抽样检测。

三、《广东省动物防疫条例》

2022年3月1日起施行《广东省动物防疫条例》，其中与疫病免疫净化有关的条例有3条，具体如下（见《广东省动物防疫条例》第一章　总则、第二章　动物疫病预防与控制、第三章　人畜共患传染病防控）。

1）本条例适用于本省行政区域内动物防疫及其监督管理活动。

本条例所称动物防疫，是指动物疫病的预防、控制、诊疗、净化、消灭和动物、动物产品的检疫，以及病死动物、病害动物产品的无害化处理。

进出境动物、动物产品的检疫，按照《中华人民共和国进出境动植物检疫法》的规定执行。

2）发现疑似重大动物疫情，县级以上人民政府农业农村主管部门应当立即派人到现场采集病料，并送有关机构进行检测。

3）发生人畜共患传染病疫情时，县级以上人民政府农业农村主管部门与本级人民政府卫生健康、野生动物保护等主管部门，以及当地海关应当及时相互通报。

发生人畜共患传染病时，卫生健康主管部门应当对疫区易感染的人群进行监测，并按照传染病防治法律法规的规定及时公布疫情，采取相应的预防、控制措施。

第二章
动物疫病免疫净化基本知识

动物疫病免疫净化是通过免疫降低临床发病率，在有效控制疫病的发生后，逐步淘汰阳性感染动物，建立阴性种群，达到免疫无疫状态。为此必须了解动物免疫的基本知识，才能更好地开展免疫净化工作。

一、免 疫 概 述

（一）免疫的概念

免疫原意是"免除服役"或"免除税收"，在微生物学和医学中引用时，是"免除疫患"之意，即机体对传染病的抵抗力。现代免疫概念认为：免疫是机体识别和排除抗原性异物，维持自身稳定和平衡的一种生理功能。免疫通常对机体有利，但在某些条件下也可对机体造成损害。

（二）免疫的基本特性

1. 识别自身和非自身

对自身和非自身的大分子物质进行识别是免疫应答的基础。识别功能对保证机体的健康是十分重要的，识别功能的紊乱，会导致严重的生理失调。识别功能的降低会导致对"敌人"宽容，从而降低或丧失对传染病或肿瘤的防御能力；识别功能过强，会把自身的物质或细胞当成敌人，从而造成自身免疫病。

2. 特异性

与识别功能一样，免疫应答有高度的特异性，它能对抗原物质中极细微的差异加以区别。如给猪接种猪瘟疫苗，猪就可以获得对猪瘟病毒的免疫力，但不能获得对其他病毒的免疫力。

3. 免疫记忆

抗原进入动物体后，经一段时间的潜伏期，血液中会出现抗体，抗体浓度先逐渐增加并达到顶峰，之后逐渐下降直至消失。但当抗体消失后，用同源抗原加强免疫时，机体能迅速产生比初次接触抗原时更多的抗体，这一现象说明机体有免疫记忆功能。在初次接触抗原时，除刺激机体形成产生抗体的细胞外，同时也形成免疫记忆细胞。动物在某种传染病康复后或接种疫苗后，可产生长期免疫力，这归功于免疫记忆的作用。

（三）免疫的分类

一般按免疫的产生及其特点，将免疫分为非特异性免疫和特异性免疫两大类。

1. 非特异性免疫

非特异性免疫是机体生来就有的一种生理防御功能，故又称为先天性免疫。

2. 特异性免疫

特异性免疫是机体在后天感染过某种病原体，而产生的对该种病原体的免疫清除作用，故又称为获得性免疫。

二、猪免疫系统的构成

免疫系统是动物机体执行免疫功能的组织机构，是产生免疫应答的物质基础。猪免疫系统由免疫器官、免疫细胞和免疫分子组成。

（一）猪免疫器官

免疫器官是指实现免疫功能的组织和器官，是免疫细胞发生、增殖、分化、成熟和定居，以及产生免疫应答的场所。根据其功能分为中枢免疫器官和外周免疫器官。

1. 猪中枢免疫器官

中枢免疫器官又称初级免疫器官，是免疫细胞发生、发育、接受抗原（主要是自身抗原）刺激和分化及成熟的场所，对机体的免疫功能起调控作用。猪中枢免疫器官包括骨髓和胸腺。

（1）骨髓

骨髓是动物体最重要的造血器官。动物出生后一切血细胞均来源于骨髓，同时骨髓也是各种免疫细胞发生和分化的场所。骨髓中的多能干细胞首先分化成髓样干细胞和淋巴干细胞，前者进一步分化成红细胞系、单核细胞系、巨核细胞系和粒细胞系等；后者则发育成各种淋巴细胞的前体细胞。骨髓功能缺陷时，不仅严重损害造血功能，也将导致免疫缺陷病的发生。

（2）胸腺

猪的胸腺由2叶组成，位于胸腔前纵隔内。胸腺是胚胎期发生最早的淋巴组织，出生后逐渐长大，青春期后开始逐渐缩小，以后缓慢退化，逐渐被脂肪组织代替，但仍保留一定的功能。

胸腺具有以下免疫功能：①是T淋巴细胞（T细胞）分化、成熟的场所。骨髓中的前驱T细胞随血流进入胸腺，先后在胸腺皮质和髓质增殖、分化为成熟的T细胞。成熟的T细胞随血流迁移至外周免疫器官定居，参与细胞免疫。②产生胸腺激素。胸腺上皮细胞可产生多种小分子的肽类胸腺激素，他们可诱导前驱T细胞增殖、分化为成熟的T细胞。

2. 猪外周免疫器官

（1）淋巴结

猪的淋巴结数量多，分布于身体各处的淋巴循环路径上。

淋巴结是体内重要的防御关口，其组织结构包括：被膜、浅皮质区、深皮质区、髓质（髓索和髓窦）。淋巴结由网状组织（网状细胞和网状纤维）构成支架，T细胞、B淋巴细胞（B细胞）、巨噬细胞、树突状细胞等分布其间。其中，浅皮质区为B细胞居留地，深皮质区为T细胞居留地。淋巴结是机体产生免疫应答的重要场所，同时还具有过滤病原体的作用。

（2）脾脏

脾脏是机体中最大、最活跃的免疫器官，淋巴循环中每天约有1/4的淋巴细胞流经脾脏。脾的实质由红髓和白髓组成：红髓由髓索（彼此吻合成网状的淋巴组织索，含有网状细胞、红细胞、B细胞、巨噬细胞、单核细胞和其他血细胞）和脾窦（由内皮细胞、基膜、网状纤维构成）构成；白髓穿插在红髓之间，由小动脉周围淋巴组织鞘和淋巴小结构成。围绕着小动脉周围淋巴组织鞘的髓称为边缘区，是处女型T细胞和处女型B细胞继续成熟的场所；大部分血液进入红髓之前在此处被滤过，衰老的红细胞、白细胞、细菌、其他异物或抗原被吞噬和处理。

脾脏是T细胞和B细胞定居的场所，也是免疫应答发生的场所。脾脏是针对来自血液中抗原异物的免疫应答场所，也是体内产生抗体的主要器官。脾脏的功能有造血、滤血、储血、清除衰老的血细胞、参与免疫应答。

（3）扁桃体

扁桃体是机体内重要的外周免疫器官。其表面为复层扁平上皮，上皮向内凹陷形成许多隐窝，隐窝周围有许多淋巴小结和弥散淋巴组织，淋巴小结有生发中心存在，其中含有多种免疫细胞。

（4）黏膜相关淋巴组织

黏膜相关淋巴组织又称黏膜免疫系统，分布于呼吸道、消化道、泌尿生殖道，以及外分泌腺，如唾液腺、泪腺及乳腺等处，主要包括肠道黏膜集合淋巴结和消化道、呼吸道、泌尿生殖道黏膜下层的许多淋巴小结及弥散淋巴组织等。机体与外界相通的腔道黏膜相关的淋巴组织，构成了机体抵抗病原体入侵的第一道免疫屏障，局部黏膜的免疫强弱是决定动物机体能否被感染的首要因素。

黏膜相关淋巴组织内富含T细胞、B细胞及巨噬细胞等，以产生分泌型免疫球蛋白A（IgA）的B细胞占多数，产生的IgA分布于黏膜表面，参与免疫应答。

（二）猪免疫细胞

凡参与免疫应答或与免疫应答有关的细胞统称为免疫细胞。免疫细胞按其功能可分为淋巴细胞、免疫辅佐细胞和其他免疫细胞等几大类。

淋巴细胞包括T细胞、B细胞、自然杀伤细胞（NK细胞）等。在淋巴细胞中，受抗原物质刺激后能增殖、分化，发生特异性免疫应答，产生抗体或淋巴因子的细胞，称为免疫活性细胞，也称为抗原特异性淋巴细胞，主要是指T细胞和B细胞，这两类细胞在免疫应答过程中起核心作用。免疫辅佐细胞主要包括单核吞噬细胞、树突状细胞等，它们在免疫应答过程中起重要的辅佐作用，也称为抗原提呈细胞（APC），具有捕获和处理抗原，以及能把抗原提呈给免疫活性细胞的功能。其他免疫细胞包括各种杀伤细胞（K细胞）、粒细胞、红细胞和肥大细胞等，可参与免疫应答中的某一特定环节。

1. T细胞

（1）T细胞的发育及分布

T淋巴细胞又称胸腺依赖性淋巴细胞，简称T细胞。猪机体T细胞来源于骨髓多能干细胞。干细胞经血流进入胸腺后，在胸腺素、白细胞介素–7（IL–7）等的诱导下经过10～30天增殖、分化，98%凋亡，2%成熟为T细胞。在胸腺成熟后的T细胞经血流转移，主要分布于淋巴结和脾脏的胸腺依赖区。

（2）成熟T细胞的重要表面标志

1）T细胞抗原受体（TCR）存在于T细胞表面，是T细胞识别抗原并与之特异性结合的受体。

2）绵羊红细胞受体（E受体）即存在于T细胞表面的CD2分子，是T细胞的重要表面标志，B细胞无此表面受体。人和一些动物的T细胞上因为具有E受体，可在体外与绵羊红细胞结合，形成红细胞花环即E花环。E花环试验是鉴别T细胞和检测外周血中T细胞比例及数目的常用方法。

3）细胞因子受体（CKR）可表达于静止及活化T细胞表面，静止T细胞表面的CKR亲和力弱，数量少；而活化T细胞表面的CKR亲和力强。

4）MHC（主要组织相容性复合体）–Ⅰ类分子受体或MHC–Ⅱ类分子受体即存在于T细胞表面的CD4分子或CD8分子。在同一T细胞表面只能表达其中一种分子，据此可将T细胞分为两大亚群，即具有CD4分子的T细胞和具有CD8分子的T细胞。

5）MHC–Ⅰ类分子是T细胞的表面抗原。所有T细胞表面均存在MHC–Ⅰ类分子，T细胞受抗原刺激后还可表达MHC–Ⅱ类分子。

在T细胞表面还有其他表面标志，如有丝分裂原受体，各种激素或介质（如肾上腺素、皮质激素、组胺）等物质的受体等。T细胞表面具有各种激素或介质的受体是神经内分泌系统对免疫系统功能产生影响的物质基础。

（3）T细胞的亚群及功能

根据T细胞表面是否具有CD4分子或CD8分子，可将T细胞分为两大亚群，即具有CD4分子的T细胞（CD4$^+$T细胞）和具有CD8分子的T细胞（CD8$^+$T细胞）。

CD4$^+$T细胞的TCR识别的抗原是由抗原提呈细胞的MHC–Ⅱ类分子所结合和提呈的。

根据CD4$^+$T细胞在免疫应答中的不同功能可将其分为：①辅助性T细胞（Th），其主要功能为协助体液免疫和细胞免疫。②诱导性T细胞（T），其主要功能为诱导T细胞的成熟。③迟发型变态反应T细胞（TD），其主要功能为介导迟发型变态反应。

CD8$^+$T细胞的TCR识别的抗原是由抗原提呈细胞或靶细胞的MHC–Ⅰ类分子所结合和提呈的。

根据CD8$^+$T细胞在免疫应答中的不同功能可将其分为：①抑制性T细胞（TS），具有抑制细胞免疫和体液免疫的作用，对于稳定和调节免疫系统的生理功能和免疫应答的强度起着重要的作用。②细胞毒性T细胞（TC），又称杀伤性T细胞（TK），活化后称为细胞毒性T淋巴细胞（CTL）。在免疫效应阶段，TC细胞活化后产生CTL细胞。CTL细胞能特异性地杀伤带有抗原的靶细胞，如感染微生物的细胞、同种异体移植细胞及肿瘤细胞等。

2. B细胞

（1）B细胞的发育及分布

哺乳动物的B细胞是由在骨髓内的淋巴干细胞直接分化成熟的。禽类的B细胞则由骨髓的淋巴干细胞到达法氏囊内被诱导成熟。B细胞成熟后，定居于外周免疫器官中相应部位。

（2）B细胞的重要受体

1）B细胞抗原受体（BCR）：是B细胞发育成熟过程中自然表达在膜表面，能特异性识别、结合抗原的免疫球蛋白（Ig）分子。

2）可结晶片段（Fc）受体：B细胞膜上另有一些糖蛋白，能与免疫球蛋白G（IgG）的Fc片段结合。

3）C3b受体：B细胞膜上还有一些蛋白分子，可与补体C3b的蛋白分子结合。

（3）B细胞的亚群及功能

B细胞的亚群尚不确定，B细胞的功能包括：①产生抗体，发挥中和作用和调理作用。②提呈抗原，活化的B细胞可提呈可溶性抗原。③激活的B细胞可分泌多种细胞因子，这些细胞因子可参与免疫调节、炎症反应及造血等过程。

3. NK细胞

（1）NK细胞的发育

自然杀伤细胞简称NK细胞，是不同于T细胞和B细胞的第三类淋巴细胞，其在骨髓中由淋巴干细胞直接分化成熟，能非特异地杀伤某些病毒感染的细胞和某些肿瘤细胞，故称为自然杀伤细胞。

（2）NK细胞的膜表面标志

NK细胞膜上不具有抗原受体，只具有编号为CD16的蛋白分子，CD16是IgG–Fc的受体。

（3）NK细胞的功能

NK细胞可以杀伤某些病毒感染的细胞，但不杀伤未感染的细胞；可杀伤某些肿瘤细胞，尤其对来源于造血细胞的肿瘤细胞敏感。

4. 单核–巨噬细胞系统

单核–巨噬细胞系统包括骨髓内的前单核细胞、外周血中的单核细胞和组织内的巨噬细胞。它们是机体重要的免疫细胞，具有抗感染、抗肿瘤、参与免疫应答和免疫调节等多种生物学功能。

（1）单核–巨噬细胞来源

单核–巨噬细胞由骨髓干细胞衍生而来。骨髓中的髓样干细胞受骨髓微环境的作用发育成前单核细胞。

（2）单核–巨噬细胞表面标志及分泌产物

在单核–巨噬细胞的膜表面有许多功能不同的受体分子，如Fc受体和补体分子的受体（CR）。这两种受体通过与IgG和补体结合，能提高巨噬细胞的活化和吞噬功能。

单核-巨噬细胞具有多方面的生物功能，主要概括为以下几个方面：①非特异免疫防御。②清除外来细胞。③非特异免疫监视。④提呈抗原。⑤分泌白细胞介素-1（IL-1）、补体（C1、C2、C3、C4、C5、B因子）等介质。

5. 树突状细胞

树突状细胞是定居于体内不同部位的一类抗原提呈细胞，也是体内抗原提呈作用最强的一类细胞。

6. 其他免疫细胞

（1）K细胞

杀伤细胞简称K细胞，是一类既无T细胞也无B细胞表面标志的淋巴细胞，主要存在于腹腔渗出物、血液和脾脏内，其他组织很少。K细胞无吞噬作用，但具有抗体依赖性细胞介导的细胞毒性作用（ADCC），能杀伤与特异性抗体结合的靶细胞。K细胞在抗肿瘤免疫、抗感染免疫和移植物排斥反应及清除自身的衰老细胞等方面有一定的作用。

（2）粒细胞

粒细胞是指分布于外周血液中的、细胞质中含有特殊染色颗粒的一群白细胞。它们来源于骨髓，由原始粒细胞分化发育，有嗜中性粒细胞、嗜酸性粒细胞、嗜碱性粒细胞3种。

1）嗜中性粒细胞占循环血液中白细胞总数的60%。细胞内有溶酶体，其内含有过氧化物酶、碱性磷酸酶及其他抗菌物质。细胞膜上有IgG的Fc受体及补体C3b受体。嗜中性粒细胞是血液中的主要吞噬细胞，具有高度的移动性和吞噬功能，在防御感染中起重要作用。同时可分泌炎症介质，促进炎症反应，还可处理颗粒性抗原，将其提供给巨噬细胞。

2）嗜酸性粒细胞占血液中白细胞总数的2%～12%，因动物种类不同而有很大的差异。嗜酸性粒细胞的细胞质内有很多嗜酸性颗粒，颗粒含有多种酶，尤其富含过氧化物酶。该细胞具有吞噬杀菌能力，并具有抗寄生虫的作用。嗜酸性粒细胞表面有免疫球蛋白E（IgE）受体，能通过IgE抗体与某些寄生虫接触，释放颗粒内含物，杀灭寄生虫。

3）嗜碱性粒细胞存在于血液中，在家畜中占白细胞总数的0.5%～1%，在鸡中约占白细胞总数的4%。嗜碱性粒细胞胞浆内有很多嗜碱性颗粒，其细胞膜上存在着Fc受体，能与IgE结合，结合在嗜碱性粒细胞上的IgE与特异性抗原结合后，能立即引起细胞脱颗粒，释放血管活性物质，引起Ⅰ型变态反应。

（3）红细胞

红细胞和白细胞一样，具有重要的免疫功能。它可以识别抗原、清除体内免疫复合物、增强吞噬细胞的吞噬功能、提呈抗原物质和进行免疫调节。

（三）猪免疫分子

1. 免疫球蛋白

（1）抗体的概念

抗体是机体受到抗原物质刺激后，由B细胞转化为浆细胞产生的、能与相应抗原发生特异性结合反应的免疫球蛋白。

抗体的化学本质是免疫球蛋白，它是机体对抗原物质产生免疫应答的重要产物，具有多种免疫功能。根据免疫球蛋白的化学结构和抗原性不同，可分为IgG、IgM、IgA、IgE、IgD 5种，家畜主要以前4种为主。由于机体产生的抗体主要存在于血液（血清）、淋巴液、组织液和其他外分泌液中，因此将抗体介导的免疫称为体液免疫。含有免疫球蛋白的血清称为免疫血清或抗血清。有的抗体可与细胞结合，如IgG可与T细胞、B细胞、K细胞、巨噬细胞等结合，IgE可与肥大细胞、嗜碱性粒细胞结合，这类抗体称为亲细胞性抗体。

免疫球蛋白是一种蛋白质，因此一种动物的免疫球蛋白对另一种动物而言是良好的抗原，能刺激机体产生抗这种免疫球蛋白的抗体，即抗抗体。

（2）免疫球蛋白的分子结构

所有种类免疫球蛋白的单体分子结构都是相似的，IgG、血清型IgA、IgE、IgD均是以单体分子形式存在的，IgM是以5个单体分子构成的五聚体，分泌型的IgA是以2个单体分子构成的二聚体。每个单体Ig分子均是由4条多肽链组成，其中2条较大的相同分子质量的肽链称为重链（H链），2条较小的相同分子质量的肽链称为轻链（L链），肽链间靠二硫键连接构成"Y"形分子。轻链含213~214个氨基酸，相对分子质量约为22 500；重链含420~440个氨基酸，约为轻链的2倍，相对分子质量为55 000~75 000。

4条多肽链的氨基和羧基方向具有一致性，由氨基端（N端）指向羧基端（C端）。从N端开始，轻链最初是109个氨基酸，重链是110个氨基酸，其排列顺序及结构随抗体分子的特异性不同而有所变化，这一区域称为可变区（V区）；其余的氨基酸比较稳定，称为恒定区（C区）。V区是与抗原特异性结合的部位，在轻链可变区（VL）、重链可变区（VH）的某些局部区域中，氨基酸的组成和排列顺序具有更高的变化程度，称为高变区；其余氨基酸变化较小的区域，称为骨架区。VL中的高变区有3个，通常分别位于第26~32位、第48~55位、第90~95位氨基酸；VH中的高变区有4个，通常分别位于第31~37位、第51~58位、第84~91位、第101~110位氨基酸。高变区也是Ig分子独特型决定簇主要存在的部位。

Ig的多肽链分子可折叠形成几个由链内二硫键连接的环状球形

结构，称为免疫球蛋白的功能区。IgG、IgA、IgD的重链有4个功能区，分别称VH、CH（重链恒定区）1、CH2、CH3，IgM、IgE的重链多了1个CH4，有5个功能区。轻链有2个功能区，即VL、CL（轻链恒定区）。

在重链的恒定区和恒定区之间有一个铰链区，能使Ig分子活动自如，呈"T"形或"Y"形。当Ig分子与抗原决定簇发生结合时，可由"T"形变成"Y"形，暴露Ig分子上的补体结合点，由此结合并激活补体，从而发挥多种生物学效应。

一个Ig单体分子具有2个抗原结合位点，分泌型IgA是Ig单体分子的二聚体，有4个抗原结合位点；IgM是Ig单体分子的五聚体，有10个抗原结合位点。用木瓜蛋白酶在IgG分子铰链区重链间的二硫键近氨基端切断，可水解成大小相似的3个片段，其中2个相同片段可与抗原决定簇结合，称为抗原结合片段或Fab片段，另一个片段可形成结晶，称为可结晶片段或Fc片段。用胃蛋白酶在IgG分子铰链区重链间的二硫键近羧基端切断，可水解成大小不同的2个片段，具有双价抗体活性大片段，称为F（ab'）2片段，小片段类似Fc段，称为pFc片段，pFc片段可继续被胃蛋白酶水解成更小的片段，无任何生物学活性。

（3）各类免疫球蛋白的主要特性与功能

1）IgG：IgG以单体形式存在，是人和动物血清中含量最高的免疫球蛋白，占血清免疫球蛋白总量的75%～80%，主要由脾和淋巴结中的浆细胞产生，大部分存在于血浆中，其余存在于组织液和淋巴液中。IgG是动物自然感染和人工主动免疫后机体所产生的主要抗体，IgG在动物体内不但含量高而且持续时间长，因此是动物机体抗感染免疫的主力，可发挥抗菌、抗病毒、抗毒素等免疫学效应，能调理、凝集和沉淀抗原，也是血清学诊断和疫苗免疫后检测的主要抗体。此外，IgG还是引起Ⅱ型、Ⅲ型变态反应及自身免疫病的抗体。

2）IgM：IgM是一个五聚体，是所有免疫球蛋白中分子质量最大的，因此又是一种巨球蛋白，是动物机体初次体液免疫应答中最早产生的免疫球蛋白。其含量仅占血清免疫球蛋白总量的10%左右，主要由脾和淋巴结中的B细胞产生，分布于血液中。虽然IgM在机体内产生最早，但持续时间短，因此不是机体抗感染免疫的主力，但在抗感染免疫的早期起着重要作用，具有抗菌、抗病毒、中和毒素和免疫调理等作用，是一种高效能的抗体。血清中IgM含量升高可作为传染病早期感染的诊断依据之一。IgM也可引起Ⅱ型、Ⅲ型变态反应。

3）IgA：IgA以单体和二聚体两种形式存在，单体存在于血清中，称为血清型IgA，占血清中免疫球蛋白总量的10%～20%；二聚体为分泌型IgA，由呼吸道、消化道、泌尿生殖道等部位黏膜固有层中的浆细胞所产生，存在于相应黏膜部位的外分泌液，以及初乳、唾液、泪液中，此外在脑脊液、羊水、腹水、胸膜液中也有，是机体黏膜防御系统的主要成分。当疫苗经滴鼻、点眼及喷雾途径免疫，机体内均可产生分泌型IgA。

4）IgE：IgE以单体分子形式存在，由呼吸道、消化道黏膜固有层中的浆细胞产生，在血清中含量甚微，有亲细胞性，易与皮肤组织、肥大细胞、嗜碱性粒细胞和血管内皮细胞等结合，介导Ⅰ型过敏反应。此外，IgE在抗寄生虫及某些真菌感染方面也有一定作用。

5）IgD：IgD以单体分子形式存在，在血清中含量极低，不稳定，易被降解。IgD是B细胞的表面标志，主要作为成熟B细胞膜上的抗原特异性受体，而且与免疫记忆有关。有报道认为，IgD与某些过敏反应有关。

（4）抗体产生的一般规律

动物机体在初次和再次受到抗原的刺激后，产生抗体的种类和特点具有以下规律：

1）初次应答：某种抗原首次进入体内，引起的抗体产生过程，称为初次应答。抗原首次进入机体后，在一定时期内体内查不到抗体或抗体产生很少，这一时期称为抗原的潜伏期。潜伏期的长短因抗原的种类不同而异，如细菌抗原一般在进入机体5～7天后，血液中才有抗体出现；病毒抗原需经3～4天，血液中才出现抗体；而类毒素则需2～3周时间，机体才出现抗体。抗原的潜伏期过后抗体含量直线上升，一般要经过7～10天抗体含量才能达到高峰，然后进入高峰持续期，此期抗体产生和排出相对平衡，最后为下降期。

初次应答最早产生的抗体是IgM，其含量可在几天内达到高峰，然后开始下降，接着才产生IgG，如果抗原剂量小，可能只产生IgM，IgA产生最迟。初次应答产生的抗体总量低，维持时间也较短。

2）再次应答。动物机体再次接触相同的抗原物质引起的抗体产生过程，称为再次应答。特点是潜伏期显著缩短，初期原有抗体水平略有下降，接着便很快升高，经3～5天抗体水平即可达到高峰，而且抗体含量比初次应答高100～1 000倍，维持时间也更长。再次应答产生的抗体主要是IgG，IgM较少。再次应答与初次应答间隔的时间越长，机体越倾向于只产生IgG。动物首次免疫接种某种疫苗后，如果是以IgG抗体为主，说明动物可能已感染过相应病原。

3）回忆应答。某种抗原刺激机体产生的抗体经过一定时间后，在体内逐渐消失，此时机体若再次接触相同的抗原，可使已消失的抗体数量快速回升，称为回忆应答。再次应答和回忆应答能否发生取决于体内的记忆T细胞和记忆B细胞是否存在。记忆T细胞保留了对抗原分子载体决定簇的记忆，在再次应答中，记忆T细胞可

被诱导，很快增殖分化成Th细胞，对B细胞的增殖和抗体产生起辅助作用；记忆B细胞为长寿细胞，可以再循环，并且分为IgG记忆细胞、IgM记忆细胞、IgA记忆细胞等。机体与抗原再次接触时，各类抗体的记忆细胞均可被激活，然后增殖分化成产生IgG、IgM的浆细胞。其中IgM记忆细胞寿命较短，所以再次应答间隔时间越长，机体越倾向产生IgG，而不产生IgM。

抗体产生的动态规律表明，科学合理的免疫程序是影响免疫质量的重要因素之一。

（5）影响抗体产生的因素

抗体是机体免疫系统受抗原的刺激后产生的，因此影响抗体产生的因素就在于抗原和机体两个方面。

1）抗原方面主要包括抗原的性质、抗原的用量、免疫次数及间隔时间、免疫途径。

①抗原的性质：由于抗原的物理性状、化学结构及毒力不同，因此产生的免疫效果也不一样。如给动物机体注射颗粒性抗原，只需2～5天血液中就有抗体出现，而注射可溶性抗原类毒素则需2～3周血液中才出现抗毒素；活疫苗与灭活疫苗相比，活疫苗的免疫效果好，因为在活的微生物刺激下，机体产生抗体的速度较快。

②抗原的用量：在一定限度内，抗体的产生随抗原用量的增加而增加，但当抗原用量过多，超过了一定限度时，抗体的形成反而受到抑制，此类状况称为免疫麻痹；而抗原用量过少，又不足以刺激机体产生抗体。因此在预防接种时，疫苗的用量必须按规定使用，不得随意增减。一般活疫苗用量较小，灭活疫苗用量较大。

③免疫次数及间隔时间：为使机体获得较强而持久的免疫力，往往需要刺激机体产生再次应答。活疫苗因为在机体内有一定程度的增殖，只需免疫1次即可，而灭活疫苗和类毒素通常需要连续免疫2～3次。灭活疫苗间隔7～10天免疫1次，类毒素需间隔6周左右

免疫1次。

④免疫途径：免疫途径的选择以刺激机体产生良好的免疫反应为原则。由于抗原易被消化酶降解而失去免疫原性，所以多数疫苗采用非经口途径免疫，如皮内、皮下、肌内等注射途径，以及滴鼻、点眼、气雾免疫等途径。

2）机体方面主要包括动物机体的年龄因素、遗传因素、营养状况、某些内分泌激素及疾病等。如初生或出生不久的动物，免疫应答能力较差，其原因主要是免疫系统发育尚未健全，其次是受母源抗体的影响。母源抗体是指动物机体通过胎盘、初乳、卵黄等途径从母体获得的抗体。母源抗体可使幼畜禽免于感染，还能抑制或中和相应抗原。因此，给幼畜禽初次免疫时必须考虑到母源抗体的影响。另外，雏鸡感染传染性法氏囊病毒时，法氏囊受损会导致雏鸡体液免疫应答能力下降，影响抗体的产生。

2. 细胞因子

细胞因子是指由免疫细胞（如单核-巨噬细胞、T细胞、B细胞、NK细胞等）和某些非免疫细胞受抗原或丝裂原刺激后合成和分泌的一类高活性多功能的蛋白质多肽分子。细胞因子作为细胞间信号传递分子，主要介导和调节免疫应答及炎症反应，刺激造血功能并参与组织修复等。现已鉴定的细胞因子有近百种，功能又十分复杂，尚无统一的分类方法。就目前研究所知，与免疫学关系比较密切的细胞因子主要有四大类：

（1）白细胞介素（IL）

白细胞介素是由免疫系统分泌的、主要在白细胞间发挥免疫调节作用的一类细胞因子，按发现的先后顺序命名为IL-1、IL-2、IL-3等，至今已报道了23种。

（2）干扰素（IFN）

干扰素由多种细胞产生，根据其来源和理化性质分为Ⅰ型干扰素和Ⅱ型干扰素。Ⅰ型干扰素主要包括IFN-α和IFN-β，前者来源于病毒感染的白细胞，后者由病毒感染的成纤维细胞产生。Ⅱ型干扰素即IFN-γ，由抗原刺激T细胞和NK细胞产生。Ⅰ型干扰素具有很强的抗病毒和抗肿瘤作用，Ⅱ型干扰素主要发挥免疫调节作用。

（3）肿瘤坏死因子（TNF）

肿瘤坏死因子是一类能杀伤和抑制肿瘤细胞的细胞因子，主要由活化的单核-巨噬细胞产生，也可由抗原刺激的T细胞、活化的NK细胞和肥大细胞产生。TNF的主要功能是参与机体防御反应，是重要的促炎症因子和免疫调节因子，抗肿瘤作用只是其功能的一部分。

（4）集落刺激因子（CSF）

集落刺激因子是一组促进造血细胞，尤其可促进造血干细胞增殖、分化和成熟的低分子量糖蛋白。

三、免疫系统的功能

1. 免疫防御

免疫防御是指机体抵御、清除入侵病原微生物的免疫保护作用。这是免疫系统最基本的功能，即通常所指的抗感染免疫。

动物生活在微生物的包围之中，每天都有大量的微生物从皮肤和消化道、呼吸道、泌尿生殖道黏膜进入动物体内，机体随即就产生免疫反应与之斗争，并予以清除。动物免疫功能正常时，能充分发挥对进入动物机体的病原微生物的抵抗力，通过机体的非特异性免疫和特异性免疫，将微生物消灭。免疫防御应答异常增高可导致超敏反应；应答降低或缺失，则可导致免疫缺陷病。

2. 免疫自稳

免疫自稳又称免疫稳定，指机体清除衰老或损伤的细胞，进行自身调节，维持体内生理平衡的功能。在新陈代谢中，每天都有大量的细胞衰老死亡，这些失去了功能的细胞积累在体内，必然会影响正常细胞的活动。免疫系统的第二个重要功能就是清除这些废物，保证机体正常细胞的生理活动，使机体的各组织器官都能准确地发挥正常功能。当细胞衰老死亡时，可刺激机体产生自身抗体，以便及时清除这些细胞。若此功能失调，就会引起自身免疫病。

3. 免疫监视

免疫监视指机体识别和清除突变细胞，具有防止肿瘤发生的功能。生物体最危险的"敌人"往往来自身体内部，正常细胞在致瘤因素的诱导下可以变为肿瘤细胞。免疫系统的第三个重要功能就是严密监视这些肿瘤细胞的出现，一旦出现就能立即予以识别，并调动免疫系统在其尚未形成肿瘤组织之前将其歼灭。免疫功能降低或受到抑制就会使肿瘤细胞大量增殖，从而出现临床上的肿瘤，如肾移植患者应用免疫抑制疗法、老龄动物免疫功能低下，均会导致肿瘤的发病率提高。因此，增强免疫功能是预防肿瘤的有效方法。

四、免疫应答

（一）免疫应答概述

抗原进入机体与免疫系统的免疫细胞发生作用，可能产生3种结果：①正常免疫应答，机体建立特异性免疫。②免疫耐受性，机体不发生正常免疫应答。③变态反应，机体发生免疫应答的同时发生组织损伤。免疫应答是抗原进入机体后，免疫系统中T细胞、B细胞等对其进行一系列反应，产生免疫活性产物，发挥免疫效应，清除同种抗原的过程。

1. 免疫应答的基本过程和特征

机体的免疫应答过程相当复杂，可划分为3个阶段：致敏阶段、反应阶段和效应阶段。

（1）致敏阶段

进入体内的抗原，除少数胸腺非依赖性抗原（TI抗原）可直接激活相应的B细胞外，大多数胸腺依赖性抗原（TD抗原）由巨噬细胞吞噬加工后，将抗原决定簇提呈给Th细胞，再由Th细胞一方面提呈给相应的T细胞，使T细胞激活，另一方面提呈给带相应膜表面免疫球蛋白（SmIg）的B细胞，使B细胞被活化。

（2）反应阶段

激活的T细胞转化成母细胞，然后增殖分化成TC细胞、TD细胞和少量记忆细胞，TD细胞受到同种抗原的作用，产生各种淋巴因子。活化的B细胞经增殖分化形成大量浆细胞和少量记忆细胞，浆细胞产生的各类免疫球蛋白，称为抗体。

（3）效应阶段

具有杀伤性的效应T细胞和各种淋巴因子共同将存在于体内的特异性抗原清除，此为细胞免疫效应。抗体分布于体液（血清、淋巴液、组织液）中，直接发挥作用或在吞噬细胞、K细胞、补体等的协助下消灭相应抗原，此为体液免疫效应。T细胞、B细胞反应过程中产生的记忆细胞，暂时不产生免疫产物，而是保留在机体中，当有同种抗原再次进入机体内并作用于记忆细胞时，它们将迅速增殖分化，产生大量淋巴因子或抗体，发挥免疫效应。

综上所述，机体的特异性免疫应答过程中可同时进行细胞免疫应答和体液免疫应答，抗原的特性不同，引起免疫应答的侧重方面可能不同。机体的免疫应答具有以下特征：①严格的自我识别，即对自身正常组织不引起免疫应答。②对抗原具有高度特异性。③具有免疫记忆性。

2. 免疫耐受性

免疫耐受性是指机体接触抗原后建立的特异性无应答状态。机体免疫耐受性的建立与正常免疫应答具有共性，都需要抗原诱导，均具有特异性和记忆性。已建立对某一抗原耐受的个体，当再次接触同一抗原时不应答，但对其他抗原仍具有免疫应答能力。

免疫耐受性的建立受机体和抗原两方面因素的影响。

（1）机体方面

1）与动物种属、品系有关。例如，兔、有蹄兽和灵长类只在胚胎期才能被诱导建立耐受性，小鼠和大鼠在胚胎期和新生期都可以建立耐受性。给C57BL/b小鼠注射0.1毫克丙种球蛋白即可诱导耐受性，但对BALB/c小鼠注射10毫克也难以诱导成功。

2）与年龄有关。免疫耐受性建立的难易程度和免疫细胞发育与功能完善程度密切相关，总的规律是胚胎期接触抗原容易建立耐受性，新生期次之，成年期难以建立。

（2）抗原方面

能诱导免疫耐受性的抗原称为耐受原。一般小分子可溶性抗原（血清蛋白、多糖、脂多糖等）较易成为耐受原。TI抗原只有在高剂量时才能诱导耐受性，TD抗原在低剂量和高剂量时均可成为耐受原。抗原状态及接触方式对诱导耐受性的难易次序：不加佐剂抗原＞加佐剂抗原；静脉注射＞腹腔注射＞皮下注射。

了解和研究免疫耐受性，对全面阐明免疫应答机理，提高疫苗免疫效果，预防自身免疫病、变态反应性疾病和肿瘤发生等，均具有理论和实践意义。

（二）体液免疫应答

抗原进入机体后，引起B细胞的免疫应答，产生的抗体分布于体液（血液、淋巴液、组织液）中，通过中和作用或在补体、吞噬细胞、K细胞等的协助下，特异性地消除抗原的过程，称为体液免疫应答。体液免疫应答可通过免疫血清从已免疫的个体转移给未免疫的个体。

TD抗原和TI抗原引起的体液免疫应答的过程不同，前者必须有T细胞的辅助，后者则无须T细胞的辅助。大多数的天然蛋白质抗原都属TD抗原，这里主要介绍TD抗原引起的体液免疫应答过程。TD抗原进入机体后，具有抗原提呈作用的巨噬细胞将抗原捕捉、吞噬、消化、加工、处理后，转运到巨噬细胞表面，提呈给Th细胞，巨噬细胞同时释放IL–1等细胞因子。IL–1也作用于Th细胞。

Th细胞接受抗原决定簇和IL–1的刺激后母细胞化，合成分泌IL–2，并在细胞膜上表达IL–2受体，IL–2与IL–2受体结合后Th细胞增殖成效应Th细胞。效应Th细胞产生B细胞生长因子（BCGF）和B细胞分化因子（BCDF）。

B细胞通过SmIg特异性地识别和结合巨噬细胞提呈的抗原决定簇，并受到BCGF和BCDF的作用后开始活化增殖，分化为合成分泌不同类型Ig的浆细胞，浆细胞初期分泌IgM，中期分泌IgG，后期分泌IgA。B细胞分化中形成部分记忆B细胞，其寿命较长，参加再循环并带有特异性的SmIg，当机体再次出现同种抗原并与其SmIg结合后，记忆B细胞将迅速分裂、增殖、分化为产生IgG的浆细胞，分泌大量IgG。B细胞产生的各类Ig在体液中与抗原特异性结合后，通过中和作用或补体结合、免疫调理、ADCC等作用发挥效应，消除抗原。但在一定条件下也可引起 I 型变态反应导致机体的功能紊乱或组织损伤。

少数TI抗原通常都是相同分子的简单聚合物，例如肺炎球菌荚膜多糖抗原，其表面相同的抗原决定簇重复排列，与相应B细胞的SmIg发生牢固交叉联结而活化B细胞。B细胞分化、增殖成浆细胞后，只产生少量的IgM，不产生记忆细胞，也无再次应答反应。

（三）细胞免疫应答

细胞免疫应答是抗原进入机体后刺激T细胞产生免疫应答的过程，又称T细胞介导的免疫。

1. 细胞免疫应答的基本过程

抗原进入机体后，经巨噬细胞吞噬及降解处理，将抗原决定簇提呈给Th细胞和抗原特异性T细胞。Th细胞同时在巨噬细胞分泌的IL-1作用下活化为效应Th细胞，通过分泌IL-2，辅助抗原特异性T细胞，使之增殖、分化，产生大量抗原特异性TC细胞和TD细胞。TC细胞对抗原发挥特异性杀伤作用，TD细胞与同种抗原结合后，释放多种具有生物学活性的淋巴因子。有的淋巴因子能吸引吞噬细胞；有的淋巴因子能激活吞噬细胞和白细胞，继而引起慢性炎症反应，消除抗原。

2. TC细胞的细胞毒性作用

TC细胞对带有特异性抗原的细胞（靶细胞）能起直接杀伤和重复杀伤作用，在抗病毒感染、同种异体移植排斥反应和抗肿瘤免疫中发挥重要作用。TC细胞与抗原紧密结合在一起，在37℃有Mg^{2+}存在的条件下，此过程只需要几分钟。接着TC细胞在有Ca^{2+}存在的环境中，使靶细胞膜发生进行性溶解，造成不可逆的损伤，此过程约需要10分钟。随之大量水分进入细胞内，细胞质向外流失，细胞裂解成碎片，此过程约1小时。TC细胞完成对靶细胞的杀伤后仍完好无损，之后又可攻击其他特异性靶细胞，1个TC细胞在数小时内可杀伤几十个靶细胞。

3. 淋巴因子

TD细胞受相应抗原作用后，释放的许多具有生物学活性的可溶性蛋白质总称为淋巴因子。淋巴因子是细胞免疫的主要介质，以其生物学作用命名，多数淋巴因子非特异性地作用于其他细胞，发挥其免疫功能。

4. 细胞免疫的作用

细胞免疫在对胞内寄生病原体的抗感染方面具有重要作用。例如胞内寄生菌（结核杆菌、布氏杆菌、马鼻疽杆菌、人的麻风分枝杆菌等）可以被吞噬细胞吞噬，但不被杀死，这是不完全吞噬；各种病毒或血液原虫感染进宿主细胞内，体液免疫的抗体都不能发挥作用，只能靠机体细胞免疫应答产生的TC细胞和各种淋巴因子，共同把胞内菌、病毒或原虫消灭。此外，细胞免疫在抗肿瘤免疫方面也具有重要作用。

机体的细胞免疫应答也可引起同种异体移植物的排斥反应。这是因为同种动物不同个体组织细胞的组织相容性抗原除同卵双生的两个个体之间相同以外，其他个体之间都不相同。不同的个体间进行组织移植后，受体的淋巴细胞均会识别非自身的供体组织，进行细胞免疫应答，通过产生的TC细胞直接杀伤移植物和分泌淋巴因子引起炎症反应将移植物排斥脱落。机体对某些胞内菌的细胞免疫应答也可同时引起迟发型变态。

5. 免疫接种

免疫接种是指遵照制造商的说明和参考资料的规定进行疫苗接种，目的是使动物或动物群体对一种或多种病原体产生免疫力。

6. 动物疫病净化

动物疫病净化是指有计划地在特定区域或场所对特定动物疫病，通过监测、检验检疫、隔离、扑杀、销毁等一系列技术和管理措施，最终达到在该范围内动物个体不发病和无感染的状态，是根除、消灭疫病病原的过程。其目的是清除可传染的病原因子，从而维持动物个体和群体健康。

第三章
重点疫病免疫净化技术

2021年10月28日发布的《农业农村部关于推进动物疫病净化工作的意见》中需要净化的猪重点疫病包括猪瘟（CSF）、猪伪狂犬病（PR）、猪繁殖与呼吸综合征（PRRS）、非洲猪瘟（ASF）、口蹄疫（FMD）等重大动物疫病，因非洲猪瘟还没有国家批准的疫苗供免疫净化，下面主要介绍猪瘟、猪伪狂犬病、猪繁殖与呼吸综合征、口蹄疫4种猪重点疫病免疫净化技术。

一、猪　瘟

1. 病原特性

猪瘟病毒（classical swine fever virus，CSFV）属于黄病毒科猪瘟病毒属。病毒颗粒的直径平均为44纳米，核衣壳直径24～30纳米，表面有膜囊结构。基因组为单链RNA结构，保留1个大的开放阅读框（图1）。至今全世界都认为CSFV只有1个血清型。虽然目前国内流行的CSFV确实存在毒力、致病性、抗原性和基因结构上的多样性、复杂性和可变性，但从我国的猪瘟兔化弱毒疫苗的免疫保护相关性试验结果来看，目前疫苗可以有效抵抗CSFV变异株。

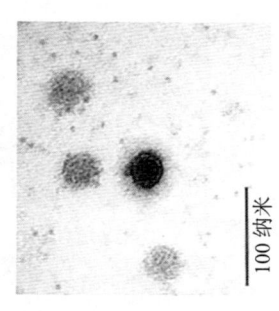

100纳米

图1　CSFV的病毒粒子和基因组结构

CSFV与牛病毒性腹泻病毒（BVDV）具有相同的抗原决定簇，因此，猪能自然感染BVDV。用BVDV的抗血清与CSFV毒株做中和试验，可将CSFV分为B群和H群。B群能被BVDV的抗血清中和，为弱毒株，可引起慢性猪瘟；H群为强毒株，不能被中和。对BVDV免疫的猪能抵抗B群病毒的攻击，但对H群的攻击则无抵抗力。

2. 流行情况

猪是目前已知CSFV的唯一自然宿主。自然条件下，CSFV经鼻侵入猪体内，也可以通过眼结膜、生殖道黏膜或皮肤擦损进入猪体内。在生长的各个时期，所有品种的猪都较容易感染猪瘟。该病一年四季都会发生，随着猪瘟防治力度的加强，猪瘟的流行形势更加温和，临床症状不明显，死亡率下降，病理变化不典型；猪瘟的大规模流行也较罕见。此外，CSFV对猪有强烈的免疫抑制作用。因此，母猪可能有亚临床症状，往往伴随着多种病毒混合感染，也会出现传染性胸膜肺炎嗜血杆菌、大肠杆菌继发感染。猪瘟具有以下流行特点：

1）猪瘟在我国流行范围广，呈散发性流行。多见于仔猪发病，成年猪持续带毒，并在猪群经水平传播与垂直传播导致恶性循环，难以根除。

2）猪瘟发生形式以温和型为主。临床表现为仔猪先天性感染；母猪群出现产死胎、流产、早产等繁殖障碍；公猪群通过精液散毒；种猪呈亚临床隐性感染，持续感染并向外排毒，成为猪瘟重要传染源。

3）混合感染严重。临床上猪瘟与猪细小病毒病（PPI）、猪伪狂犬病、猪圆环病毒病（PCVD）及猪繁殖与呼吸综合征混合感染十分普遍，造成不同程度的免疫抑制。

3. 症状表现

猪瘟的症状一般分为4种：温和型、慢性型、急性型和最急性

型，每种所表现出来的症状都不一样，各种病症具体症状如下：

1）温和型：腹部、尾巴、耳朵等处会出现坏死、淤血的现象，但没有出血点，一般体温在40~41℃。此型症状多发于仔猪。

2）慢性型：食欲不振，精神萎靡，走路不稳，体温时高时低，全身出现很多紫斑，幼龄猪还会出现便秘、腹泻的情况。待几周后，体温会再次升高，直至死亡。若未死亡，也会出现慢性出血、盲肠或结肠坏死等僵猪现象。此型症状多发于仔猪。

3）急性型：表情呆滞，不喜欢饮水、进食，怕冷，尤其是行动时几乎无力，喜欢趴着，待体温上升到40~42℃时会停止进食，并便秘或腹泻。同时，身体四肢、耳朵、腹下等部位出血，母猪很容易流产，且70%会死亡；哺乳期幼猪会出现抽搐、转圈等现象，要及时进行防治。

4）最急性型：全身会出现血点和血斑（图2），外观似火鸡，同时淋巴结会出现出血、水肿的现象，多以多发性出血为主要特征。

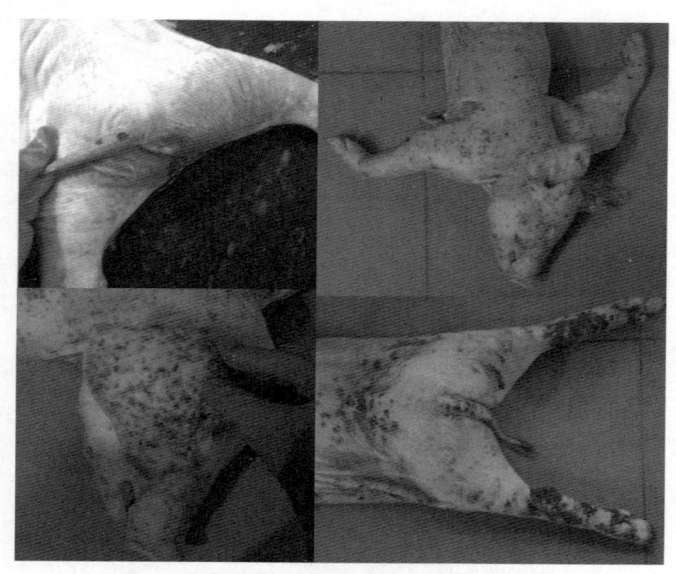

图2　感染猪瘟后的猪全身出现血点和血斑

4. 病变特征

根据CSFV毒力强弱和机体自身免疫状态，感染后其表现的病理变化各不相同。症状为最急性型的感染猪，可偶尔在黏膜浆膜、肾脏、心脏包膜或外膜，以及膀胱黏膜表面见到少量细小的点状出血，淋巴结也会轻微肿胀。病理变化最明显的是急性型，具有典型的败血症变化，可见全身性出血、全身淋巴结肿胀、变为深红色，切开后呈红白相间的大理石样；脾脏边缘出现出血性梗死（图3）；肾脏实质性变性，经常出现麻雀肾，切开肾脏可见髓质和皮质均有点状或线状出血（图4）；消化道有出血点或出血斑，严重者可见溃疡灶；肝脏变性质脆；呼吸系统和心血管均可见出血斑点（图5）。其他类型猪瘟无特别典型病理变化，需结合其他信息或

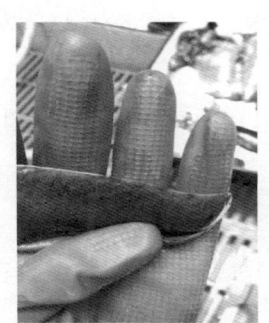

图3　脾脏边缘出血性梗死

图4　肾脏点状出血

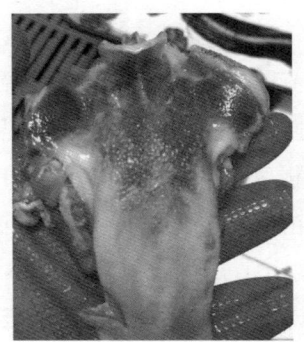

图5　喉头出血

实验室检测结果进行判断。

5. 诊断

根据流行病学和临床特征可初步诊断，确诊需实验室诊断。目前的实验室诊断方法主要有以下5种：

1）病毒的分离鉴定。接种猪的扁桃体、淋巴结或其他患病的组织细胞。观察病毒增殖后，采用猪瘟免疫荧光抗体法或直接免疫酶染色法检测病原体。

2）荧光抗体试验（FAT）。猪瘟荧光抗体试验是检测猪瘟抗体较为敏感、特异的一种方法，仅用特异性抗体检测CSFV在猪瘟组织、器官中是否存在。

3）酶联免疫吸附试验（ELISA）。检测猪血液中的抗体含量。

4）反转录聚合酶链反应（RT–PCR）。通过RNA反转录扩增，以确定核酸的序列和分子量。

5）免疫胶体金技术（GICT）。可以在短时间内快速检测，但由于其稳定性差，未被广泛应用。

6. 免疫方法

1）选择合适的猪瘟疫苗。目前国内普遍使用中国猪瘟兔化弱毒株（C株）冻干制成的活疫苗，鉴于生产原料有所差异，可划分为细胞苗和组织苗，包括：①猪瘟活疫苗（细胞源）即原代细胞苗，可用于首次免疫、超前免疫。②猪瘟传代细胞苗，适用于大规模免疫。③猪瘟组织苗即猪瘟活疫苗（脾淋源），主要用于种猪群免疫、紧急免疫及加强免疫。同时，基因工程疫苗（猪瘟E2疫苗）对猪群净化猪瘟作用极大，能够通过检测CSFV主要的免疫原性蛋白（E2蛋白）鉴别疫苗免疫抗体与野毒感染抗体。

2）最佳免疫时间需结合猪群免疫前抗体水平而定。猪瘟疫苗注射要根据疫苗使用说明书及免疫操作规范进行，切勿随意加大剂量。猪群猪瘟疫苗免疫程序可参考如下：20～25日龄仔猪可进行首次免疫，60～65日龄可进行加强免疫1次，经产母猪和公猪每年免疫3～4次，后备母猪配种前免疫2次。此外，为获得良好效果，降低猪群发病率，还需强化猪伪狂犬病、猪繁殖与呼吸综合征等疫苗免疫工作。

3）强化猪瘟疫苗免疫效果监测评估。免疫效果评价的有效方式是进行抗体检测，而抗体检测可作为验证猪瘟疫苗质量、检验与制订免疫程序的科学依据，通常在猪群二次免疫后28天抽血检测进行免疫效果评价，针对抗体水平不达标的种猪实施补免，淘汰多次接种仍不达标的种猪。

7. 疫苗选用

控制猪瘟的主要手段还是疫苗接种，目前猪瘟疫苗有2种类型：活疫苗和新型基因工程疫苗。活疫苗又细分为原代细胞苗、传代细胞苗和脾淋苗，根据是否添加耐热保护剂又形成各种新的组合，有的还制备成联苗（如猪瘟蓝耳二联活疫苗，猪三联活疫苗）。一款优质的疫苗，安全有效是前提，质量可控是核心。

1）合理选择猪瘟疫苗。选择猪瘟疫苗需要结合猪群实际情况。如果猪群规模较大且生猪数量众多，养殖环境较佳，不管是选用接种猪瘟疫苗或是开展常规免疫，均能有良好效果。但如果养猪群内基础设施不足且环境差，在选择猪瘟疫苗时必须保证生猪抗体性能较强，避免有生猪携带感染源。

2）保证猪瘟疫苗质量。养殖户需要严格按照疫苗使用说明操作，疫苗需避免阳光直射，做好消毒，配完即用，未用完也不能留到下次使用，坚决杜绝使用过期疫苗。

3）科学确定猪瘟疫苗用量与免疫时间。免疫时间需要结合生猪免疫抗体监测结果确定，合理安排猪瘟疫苗注射时间。以仔猪为例，一般在20～25日龄进行首次免疫，60～65日龄进行二次免疫。种猪断奶后可立即进行配种前免疫，其中种公猪每年免疫2次。

8. 免疫净化

（1）净化评估标准

1）同时满足以下要求，视为达到免疫无疫标准：①生产母猪、后备种猪抽检，CSFV抗体阳性率90%以上。②种公猪、生产母猪和后备种猪抽检，猪瘟病原学检测均为阴性。③连续2年以上无临床病例。④现场综合审查通过。

2）同时满足以下要求，视为达到净化标准：①种公猪、生产母猪和后备种猪抽检，CSFV抗体检测均为阴性。②停止免疫2年以上，无临床病例。③现场综合审查通过。

（2）抽检要求

评估组专家负责设计抽样方案并监督抽样，所在地各级动物疫病预防控制机构配合完成。

（3）免疫无疫评估实验室检测方法

免疫无疫评估实验室检测方法见表1。

表1 免疫无疫评估实验室检测方法

检测项目	检测方法	抽样种群	抽样数量	样本类型
病原学检测	荧光PCR	种公猪	生产公猪存栏50头以下，100%采样；生产公猪存栏50头以上，按照证明无疫公式计算（$CL=95\%$，$P=3\%$）	扁桃体
		生产母猪	按照证明无疫公式计算（$CL=95\%$，$P=3\%$）；随机抽样，覆盖不同猪群	
		后备种猪		
抗体检测	ELISA	生产母猪	按照预估期望值公式计算（$CL=95\%$，$P=90\%$，$e=10\%$）	血清
		后备种猪	按照预估期望值公式计算（$CL=95\%$，$P=90\%$，$e=10\%$）	

（4）净化评估实验室检测方法

净化评估实验室检测方法见表2。

表2　净化评估实验室检测方法

检测项目	检测方法	抽样种群	抽样数量	样本类型
抗体检测	ELISA	种公猪	生产公猪存栏50头以下，100%采样；生产公猪存栏50头以上，按照证明无疫公式计算（$CL=95\%$，$P=3\%$）	血清
		生产母猪	按照证明无疫公式计算（$CL=95\%$，$P=3\%$）；随机抽样，覆盖不同猪群	
		后备种猪		

二、猪伪狂犬病

猪伪狂犬病是由伪狂犬病病毒（pseudorabies virus，PRV）引起的，严重危害家畜、野生动物和实验动物的一种或多种动物共患的传染病。自19世纪以来，该病曾经给全球养猪业造成严重的经济损失。但是，该病在欧美和亚洲部分国家的养猪业（家猪）中得到了净化与根除。该病防控技术模式是动物疾病净化的典范。

1. 病原特性

PRV属于疱疹病毒科α-疱疹病毒属，为有囊膜的病毒。该病毒对外界环境抵抗力很强，在液体或固体表面可存活至少7天；在猪舍干草上，夏季和冬季分别可存活30天和46天；在猪尿液、唾液、鼻分泌物和猪场污水中，分别在14天、4天、2天和1天时仍具有感染力。

PRV核酸类型为DNA，基因组大小在143 kb左右，能编码100多种蛋白质。已经证实，与毒力密切相关的基因主要有胸苷激酶基因（*TK*）、*gE*、核苷酸还原酶基因（*RR*），编码免疫蛋白的基因有*gB*和*gC*等。*gG*、*gC*、*TK*和*gE*是PRV非必需基因，缺失这些基因，不影响病毒的复制能力。利用分子生物学方法改造的基因缺失疫苗往往缺失了*TK*、*gE*和（或）*RR*，通过鸡胚连续传代获得的弱毒株Bartha毒株则缺失了全部*gE*。

PRV野毒株可在鼻腔通过嗅神经或在口腔通过舌咽神经感染中枢神经系统，最终在三叉神经节中建立潜伏感染，病毒基因组存在于该部位。当由于应激、使用免疫抑制药物或霉变饲料等因素诱发免疫抑制时，机体抵抗力下降，PRV基因组重新复制转录，从而产生新的病毒粒子，引起动物发病。PRV基因组中与潜伏感染激活相关的基因是立即早期180基因（*IE180*）。目前尚无未建立潜伏感染的病毒及基因组，因此，潜伏感染猪是本病的自然宿主，也是重要的传染源，在疾病净化中必须淘汰。

该病毒的基因组相对比较稳定，但早期研究发现，在动物体内同时接种大剂量的不同基因缺失背景的毒株可发生缺失的基因之间的互换现象。病毒在动物群体中循环传播，可发生点突变或缺失，近几年新分离的毒株就是明显的例子。

2. 流行情况

1）易感动物：自然条件下猪、牛（黄牛、水牛）、羊、犬、猫、兔、鼠等多种动物，都可感染本病；野生动物如水貂、貉、北极熊、银狐、蓝狐等也可感染本病。除马属动物和高等灵长类（包括人）外，许多哺乳动物和禽类都能实验感染本病。PRV对大多数动物呈致死性感染，实验动物中家兔、豚鼠、小鼠都易感，其中以家兔最为敏感。在已知的自然宿主中，猪最具耐受性。猪和鼠类是自然界中病毒的主要贮存宿主和排毒者，是引起其他动物发病的疫源动物，在PRV的传播上起着极为重要的作用。

2）传染源：病猪、带毒猪及带毒鼠类是本病重要的传染源。病毒主要从病猪的鼻分泌物、唾液、乳汁和尿中排出，猪感染后2～4周内经口、鼻排毒，康复6个月后的猪三叉神经节和扁桃体内可分离到该病毒，有的带毒猪可持续排毒1年，其他动物的感染与接触猪、鼠类有关。健康猪与病猪、带毒猪直接接触可感染本病，猪、猫、犬常因吃病鼠、病猪内脏，也可经消化道感染本病。

3）传播途径：除猪可经直接接触或间接接触发生传染外，其他家畜主要是由于吃病畜尸体及病畜污染的饲料后经消化道感染。此外，本病还可经呼吸道黏膜破损处和配种等发生感染。妊娠母猪感染本病时可经胎盘垂直传播侵害胎儿，PRV可通过胎盘传递给子体，而母体免疫球蛋白却不能对其起到保护作用，所以对胎儿的感染是致命的。泌乳母猪感染本病后1周左右乳汁中有病毒出现，可持续3～5天，此时仔猪可因哺乳而感染本病。带有病毒的空气飞沫核可随风传到数千米甚至更远的地方，使健康猪群受到感染。

3. 症状表现

病猪的临床症状和病程随年龄不同而有很大差异。本病潜伏期一般为3～6天，少数可达10天。

1）妊娠母猪感染后发生流产，产死胎、木乃伊胎及分娩期后延等现象，通常以产死胎为主（图6）。流产常发生于感染后的10天左右，流产胎儿的大小较一致。感染母猪有时还出现屡配不孕、返情率增高的现象，母猪在产死胎的同时，有时也能产出一些活仔，但体弱，只能存活1～3天，这些仔猪死前表现为呕吐、腹泻、运动失调等症状；也有的仔猪出生时是健康的，但会在5～6天后开始陆续发病。

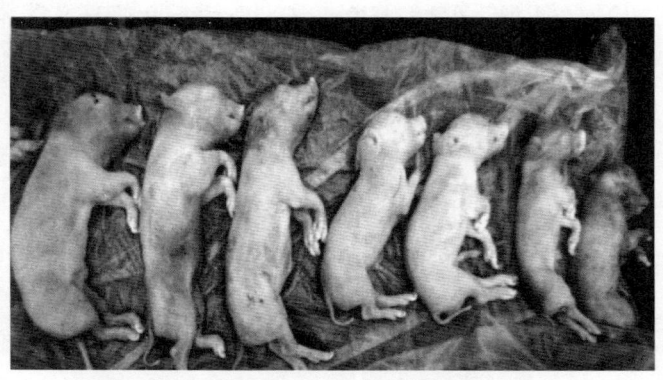

图6　母猪感染猪伪狂犬病后的流产胎儿展示

2）哺乳仔猪发病时眼眶发红，闭目昏睡，接着出现41～41.5℃高热，精神沉郁，口角有大量泡沫或唾液流出，有的发病仔猪发生呕吐或腹泻，内容物为黄色。病猪眼睑和嘴角有水肿，腹部几乎都有粟粒大小的紫色斑点，有的甚至全身呈紫色。几乎所有的发病仔猪都有神经症状（图7）：初期以神经紊乱为主，如发病仔猪神经紧张、眼发直；后期以麻痹为特征，最常见而又突出的症状是间歇性抽搐、肌肉痉挛性收缩、癫痫发作、仰头歪颈、角弓反张，有的则呆立不动，头触地或头抵墙。出现神经症状的发病仔猪死亡率几乎为100%。发病的仔猪耐过后往往发育不良或成为僵猪。

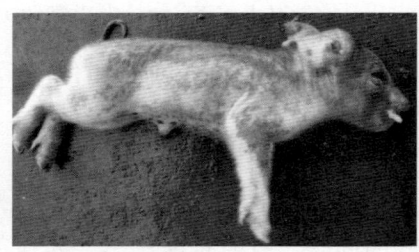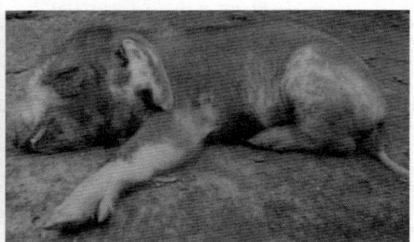

图7　哺乳仔猪感染猪伪狂犬病后口吐白沫、前肢痉挛的神经症状

3）20日龄以上的仔猪到断奶前后的小猪症状轻微，体温41℃以上，呼吸短促，被毛粗乱，不食或食欲减少，耳尖发紫，发病率和死亡率都低于15日龄以内的小猪。断奶仔猪发病率为20%～40%，死亡率为10%～20%，发病后主要表现为神经症状、腹泻、呕吐等。

4）4月龄左右的猪，发病后只有轻微症状，有数天的轻热、呼吸困难、流涕、咳嗽、精神沉郁、食欲不振，有的呈"犬坐姿势"（图8），有时呕吐和腹泻，几天内可完全恢复。严重者症状可延长半个月以上，这样的猪表现为四肢僵直（尤其是后肢）震颤、惊厥等，行走相当困难，也有部分猪出现神经症状且往往愈后仍有不良反应。

图8 猪感染猪伪狂犬病后站立不稳，呈"犬坐姿势"

近几年发现有的猪群春季爆发猪伪狂犬病，会出现死胎或断奶仔猪患猪伪狂犬病的现象，紧接着下半年秋季母猪配种困难，返情率高达90%，有反复配种屡配不孕现象。此外公猪感染PRV后，表现出睾丸肿胀或萎缩，丧失种用能力。在临床上，可依据病猪皮肤脉管坏死这一症状，结合其他病症做出临床诊断，该诊断方法简捷、准确，便于应用。

4. 病变特征

病毒的泛嗜性使病理变化呈现多样性，在诊断上具有参考价值的症状是鼻腔卡他性或化脓出血性炎症，扁桃体充血、水肿、坏死并伴以咽炎和喉头水肿，勺状软骨和会厌皱襞呈浆液性浸润，并常有纤维素性坏死性假膜覆盖（图9）。

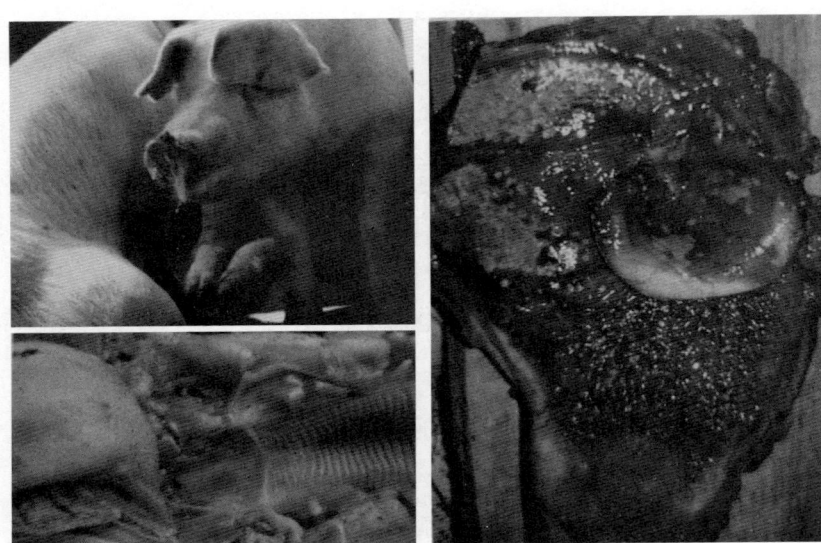

图9　猪感染猪伪狂犬病后常见呼吸道症状

　　肺充血、水肿（图10），上呼吸道常见卡他性、卡他化脓性及出血性炎症，内有大量泡沫样液体。上呼吸道内含有大量泡沫样的水肿液，喉黏膜和浆膜可见点状或斑状出血。淋巴结特别是肠淋巴结和下颌淋巴结充血、肿大，间有出血（图11）。此外还可在淋巴结、扁桃体、肾、肝、脾、心等一些器官上见到直径1～2毫米，呈灰白色或黄白色的坏死灶（图12）。心肌松软、心内膜有斑状出血（图13）；肾局灶性出血性炎症，肾上腺切面散在坏死点（图14）；胃底部可见大面积出血；小肠黏膜充血、水肿，黏膜形成皱褶并有稀薄黏液附着（图15）；大肠呈斑块状出血；脑为非化脓性脑炎，脑膜充血、水肿（图16）；脑实质有点状出血，病程较长者，脑脊液都明显增多；心包液，胸、腹腔液亦增多；肝表面有大量纤维素渗出。

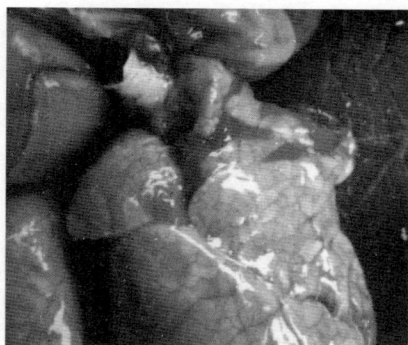 

图10 猪感染猪伪狂犬病后间质性肺 图11 猪感染猪伪狂犬病后下颌淋巴
炎变化 结肿大、水肿、充血

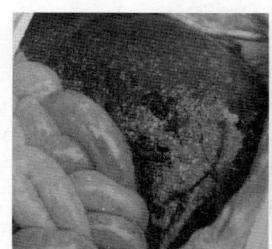  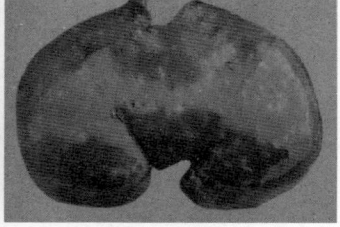

图12 猪感染猪伪狂犬病后内脏器官（肝、肺、肾等）表面有灰白色散在坏
死灶

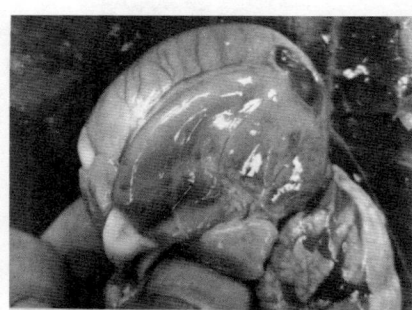 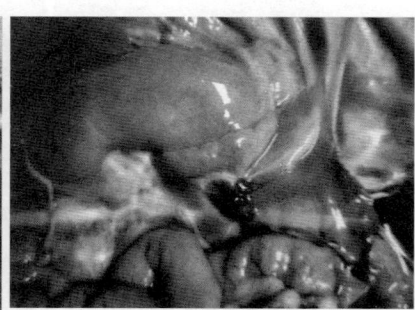

图13 猪感染猪伪狂犬病后心肌表面 图14 猪感染猪伪狂犬病后肾上腺外
弥漫性出血 观凹凸不平

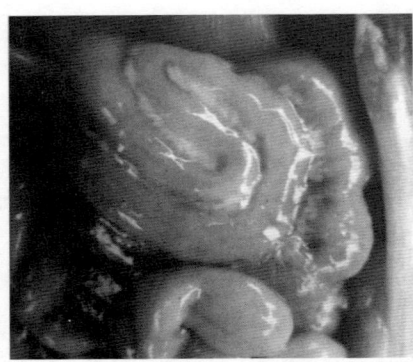

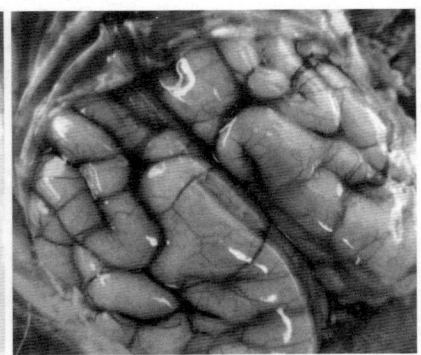

图15　猪感染猪伪狂犬病后结肠系膜
水肿

图16　猪感染猪伪狂犬病后脑微血管
扩张充血水肿

　　许多毒株能在皮肤细胞内增殖，并引起脉管坏死，如新生仔猪急性死亡皮肤脉管坏死，腹下皮肤隐约可见青蓝色星状斑点（图17），病程较长的仔猪腹下、前后肢内侧皮肤密布青蓝色粟粒大小星状斑点。有的仔猪部分或全部乳头呈现青蓝色病状。个别仔猪乳腺外侧出现数个黄豆粒大小串珠样肿，外观青蓝色。

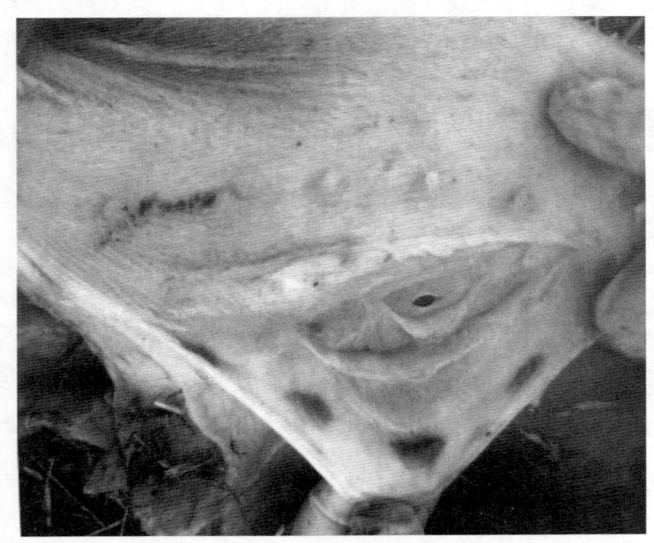

图17　仔猪感染猪伪狂犬病后在乳头基部可见绿豆大的青蓝色斑点

　　组织学检查发现所有病例都有大脑变化，灰质和白质均受影响，最明显的变化是额部和颞部，小脑的变化是出现脑膜炎。神经元发生广泛性坏死并伴有噬神经细胞现象（图18），以及神经元周围神经胶质增生现象和血管套现象。神经元的变化和坏死通常呈灶性，病灶间距较大，并伴有胶质细胞变性和坏死。血管套的细胞成分主要是小单核细胞和少量嗜中性白细胞、嗜酸性粒细胞及巨噬细胞，脑膜也发生类似的血管套样细胞浸润。脑实质中小血管扩张充血，周围有淋巴样细胞，组织细胞呈围管浸润，即形成"脑血管套"（图19）。神经胶质细胞弥漫性或局灶性增生，可见多个神经细胞坏死崩解，神经细胞和胶质细胞的核内可见嗜酸性包涵体，大脑枕叶有胶质细胞增生，形成胶质细胞结节，脑桥、延脑内毛细血管周围亦有单核细胞和小淋巴细胞形成的血管套。

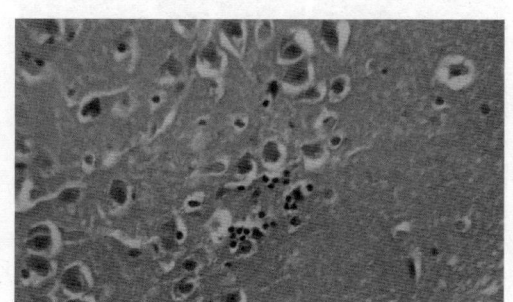

图18　猪伪狂犬病造成脑噬神经细胞现象（HE×40）

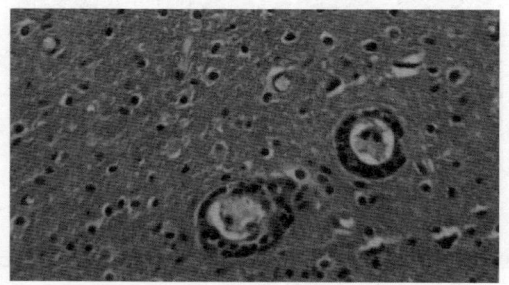

图19　猪伪狂犬病造成"脑血管套"现象（HE×40）

肝实质中有大量大小不等、分界明显的坏死灶，多位于肝小叶周边区，坏死组织呈凝固性、粉红色，但颜色深浅不一，其中分布着大量蓝紫色坏死崩解的细胞核碎粒（图20）。坏死组织附近小血管充血，血管周围间隙有少量淋巴细胞和单核细胞浸润，其他部分肝细胞肿大，颗粒变性，各级小血管、肝窦充满红细胞、肝小叶结构紊乱。

脾组织内有许多分界清晰的坏死区，在坏死区内粉红色坏死物中混杂着多量的被蓝染的细胞核崩解颗粒及一些红细胞，脾小体多数变成坏死区而消失（图21）。脾索网状细胞大量增生，脾窦及其周围有大量的红细胞分布，窦内皮细胞、巨噬细胞数目增多，脾窦界限不清。

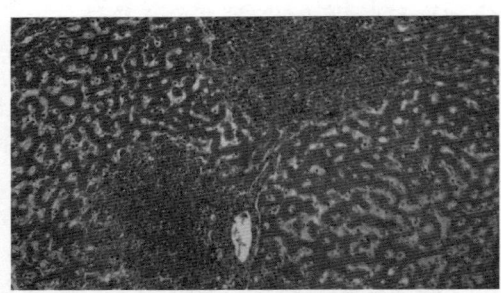

图20　猪伪狂犬病造成肝细胞萎缩、肝组织坏死（HE×10）

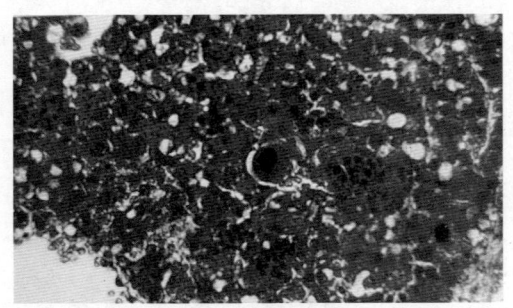

图21　猪伪狂犬病造成脾坏死灶有淋巴细胞样浸润（HE×40）

呼吸系统出现坏死性支气管炎、细支气管炎和肺泡炎，并可见大量的纤维素渗出（图22）。肺泡腔和间质内有浆液渗出和红细胞分布及少量淋巴细胞，单核细胞浸润，肺泡上皮和气管黏膜上皮轻度坏死，同时扁桃体化脓性坏死。

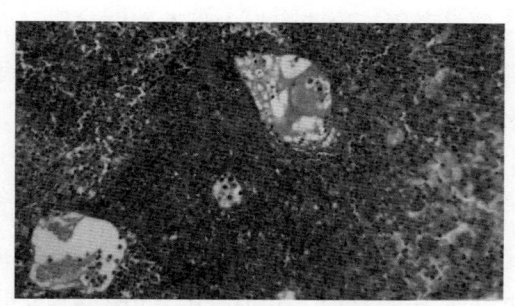

图22 猪伪狂犬病造成肺组织多灶性坏死（HE×20）

肾小球内和间质出血、肾小管颗粒变性、肾上腺变性坏死。心肌颗粒变性及呈坏死灶。胃肠黏膜部分坏死，黏膜下出血，淋巴细胞浸润。在舌、肌肉、肾上腺和扁桃体坏死区可见到包涵体。

5. 诊断

根据临床症状及流行病学资料分析，可做出初步的诊断，要确诊本病则必须结合病理组织学变化或其他实验室诊断。目前实验室诊断方法有以下3种：

1）抗体检测。中和试验作为国际贸易中判定猪伪狂犬病感染的金标准，非免疫猪群中只要检出中和抗体，均认为是感染野毒株所致。国外建立了以gB蛋白及其单克隆抗体为基础的竞争ELISA，感染后9～14天，可检出抗体。由于gE、gG、gC都是PRV非必需基因，缺失此基因的PRV突变株具有毒力下降但保持免疫原性的特点，免疫动物体内不能产生针对此缺失蛋白的抗体，这为区分免疫猪和自然感染猪提供了理论上的可能。

2）病原学检测。用于病原学检查的方法有病毒分离，多种细胞如BHK21细胞、PK-15细胞、IBRS-21细胞及鸡胚原代上皮细

等均可使用。免疫荧光试验、免疫组化试验和病毒中和试验用于细胞培养物中PRV的确认。家兔和小鼠接种试验用于鉴定所分离的病毒，动物接种后其接种部位奇痒无比，表现为啃咬接种部位，之后死亡。家兔接种也可用于检验病料中是否有PRV，但小鼠却不能，因为小鼠对PRV的敏感性低于家兔。值得注意的是，有些弱毒疫苗株也能引起家兔死亡。

3）核酸检测。常规PCR和定量PCR检测方法均已经建立，用于检测病猪的扁桃体、肺脏、脑组织等和公猪精液中的PRV核酸。三叉神经节是病毒潜伏感染的组织，是检测病毒核酸的最佳样品。gD是PCR扩增的常用靶基因，其他基因如gB、gH等也被作为靶基因。gE是区分疫苗毒株和野毒株的靶基因，但只有Bartha毒株全部缺失了该基因，其他基因缺失疫苗毒株在gE中所缺失的片段不尽相同。因此，设计区分不同基因缺失疫苗毒株的引物时要考虑缺失基因的区域特征，同时尽可能对扩增产物测序，才能达到区分疫苗毒株与野毒株的目的。

6. 免疫方法

1）灭活疫苗。种猪（包括公猪）第一次注射后，间隔4～6周后加强免疫1次，以后每隔6个月注射1次，然后产前1个月左右加强免疫1次，这样可获得好的免疫效果，并可保护哺乳仔猪到断奶。留作种用的断奶仔猪在断奶时注射1次，间隔4～6周后，加强免疫1次，以后按种猪免疫程序进行。育肥用的断奶仔猪在断奶时注射1次，直到出栏。

2）弱毒疫苗。种猪第一次注射后，间隔4～6周加强免疫1次，以后每隔6个月注射1次。育肥猪断奶时注射1次，直到出栏上市。

7. 疫苗选用

1）灭活疫苗：灭活疫苗具有研发速度快、安全性高、免疫后不排毒的特点，是预防本病的第一代疫苗。

2）弱毒活疫苗：通过体外细胞传代方式将分离的强毒株致弱或通过抗性筛选方式获得的弱毒株，经培养后制备的疫苗。如从NIA-2.4强毒株经过抗5-溴脱氧鸟苷的筛选，获得 TK 和 gE 双缺失毒株。BUK毒株疫苗和Bartha毒株疫苗均是通过鸡胚传代后获得的。BUK毒株传代后基因组的变化特点未见报道，但Bartha毒株基因组的US区中，发生 gI、gE、$11K$ 和 $28K$ 的缺失，同时 gC 也部分缺失。全部 gE 的缺失，是Bartha毒株疫苗免疫猪能够与野毒感染猪相区分的理论基础，但是该毒株没有缺失主要毒力基因——TK，因此仍有残余毒力。在传统毒株存在且感染压力低时，Bartha毒株疫苗仍是可采用的疫苗。gE 缺失疫苗在预防本病中使用最为广泛。

8. 免疫净化

（1）净化评估标准

1）同时满足以下要求，视为达到免疫无疫标准：①生产母猪和后备种猪抽检，PRV的gB抗体阳性率大于90%。②种公猪、生产母猪和后备种猪抽检，PRV的gE抗体检测均为阴性。③连续2年以上无临床病例。④现场综合审查通过。

2）同时满足以下要求，视为达到净化标准：①种公猪、生产母猪和后备种猪抽检，PRV抗体检测均为阴性。②停止免疫2年以上，无临床病例。③现场综合审查通过。

（2）抽检要求

评估组专家负责设计抽样方案并监督抽样，所在地各级动物疫病预防控制机构配合完成。

（3）免疫无疫评估实验室检测方法

免疫无疫评估实验室检测方法见表3。

表3 免疫无疫评估实验室检测方法

检测项目	检测方法	抽样种群	抽样数量	样本类型
抗体检测	gE-ELISA	种公猪	生产公猪存栏50头以下，100%采样；生产公猪存栏50头以上，按照证明无疫公式计算（$CL=95\%$，$P=3\%$）	血清
		生产母猪	按照证明无疫公式计算（$CL=95\%$，$P=3\%$）；随机抽样，覆盖不同猪群血清	血清
		后备种猪		
抗体检测	gE-ELISA	生产母猪	按照预估期望值公式计算（$CL=95\%$，$P=90\%$，$e=10\%$）	血清
		后备种猪	按照预估期望值公式计算（$CL=95\%$，$P=90\%$，$e=10\%$）	血清

4）净化评估实验室检测方法

净化评估实验室检测方法见表4。

表4 净化评估实验室检测方法

检测项目	检测方法	抽样种群	抽样数量	样本类型
抗体检测	ELISA	种公猪	生产公猪存栏50头以下，100%采样；生产公猪存栏50头以上，按照证明无疫公式计算（$CL=95\%$，$P=3\%$）	血清
		生产母猪	按照证明无疫公式计算（$CL=95\%$，$P=3\%$）；随机抽样，覆盖不同猪群	血清
		后备种猪		

三、猪繁殖与呼吸综合征

猪繁殖与呼吸综合征又称猪蓝耳病，由猪繁殖与呼吸综合征病毒（porcine reproductive and respiratory syndrome virus，PRRSV）引起，此外，该病毒又称为蓝耳病病毒。猪蓝耳病主要表现为母猪繁殖障碍和仔猪呼吸道症状。

1. 病原特性

PRRSV为单股正链RNA病毒。在第十届国际病毒学会议上将该病毒归属于新设立的动脉炎病毒科动脉炎病毒属。该病毒具有囊膜，呈球形或卵圆形，直径为45～65纳米，呈二十面体对称，囊膜表面有较小的纤突，表面相对平滑，核衣壳为立方形，核心直径25～35纳米（图23）。

通常情况下PRRSV对环境的抵抗力较弱，但在特定的温度、湿度和pH条件下，病毒可长期具有感染性。PRRSV在-20℃条件下长期稳定；在20℃室温条件下感染性可持续1～6天；4℃条件下病毒感染性在1周内丧失90%，但是在1个月内仍可检测到低滴度的感染性病毒；病毒在温度较高时会很快失活，如在37℃条件下只能存活3～24小时、56℃条件下只能存活6～20分钟；PRRSV在干燥的环境中也容易失活。此外，PRRSV在pH为6.5～7.5的环境中稳定存在，如超出此范围，其感染性很快丧失。PRRSV用脂溶剂（氯仿和乙醚）、去污剂处理后，病毒囊膜被破坏，失去感染性。因此，针对病毒的以上特性，猪场应保持环境的清洁、干燥，及时清洗圈舍和用具，可用除污剂、酸性或碱性溶液处理病毒污染物。

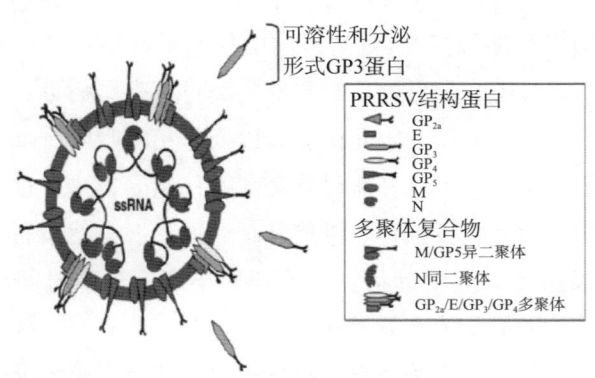

图23　PRRSV的病毒粒子结构

2. 流行情况

1987年在美国西部首先暴发猪蓝耳病，随后遍布世界各国。

1991年荷兰学者首次从发病仔猪和母猪体内分离并鉴定该病病原，命名为Lelystad Virus（LV株），1992年欧盟提议将此病命名为"猪繁殖与呼吸综合征（PRRS）"，同年国际兽医组织将其定为B类传染病。PRRSV分为欧洲型和美洲型，分别以1991年荷兰分离的LV株和1992年美国分离的VR-2332株为代表毒株。1996年郭宝清等专家首次从国内发病猪群中分离出PRRSV毒株（CH-la株），从而证实我国存在本病。2006年PRRSV发生显著变异，致病性有增强趋势，仔猪发病率可达100%，死亡率可达50%以上，母猪流产率可达30%以上，育肥猪也可发病死亡，国内将其命名为高致病性PRRSV。2013年以来，NADC30-like毒株在我国猪群中逐步流行开来，越来越多的省份报道了该毒株的流行，临床病例样本中检出率也越来越高。目前，PRRSV毒株以类NADC30毒株为主，也发现有类NADC34毒株，同时，GM2、QYYZ和HP-PRRSV毒株也是我国的优势毒株，以上毒株对我国养猪业造成较大危害。

3. 症状表现

本病毒可侵害任何年龄的猪，不同年龄、品种和性别的猪均能被感染，但以妊娠母猪和1月龄以内的仔猪最易感。其他家畜和动物还未见发病报道，但已发现野鸭等禽类可携带本病毒。该病以母猪流产，产死胎、弱胎、木乃伊胎，以及仔猪呼吸困难、败血症、高死亡率等为主要特征。妊娠母猪和哺乳仔猪受害最严重，生长猪和育肥猪感染后症状较温和。母猪怀孕后期受病毒感染后，病毒可经胎盘感染胎儿。怀孕母猪发生流产、早产，早产时间比正常分娩时间提早1～3周，流产死胎比例大大增加，可达50%以上，早产胎儿中还有不少木乃伊胎。有少部分的感染猪肢端末梢发绀，多发生于症状出现后的5～7天，以耳尖发绀最为常见（图24），因此该病俗称猪蓝耳病。母猪出现泌乳困难，耐过的母猪康复以后可怀孕产仔，但对窝产数和仔猪存活率略有影响。发病公猪主要表现为倦怠、嗜睡、精神状况不佳。断奶仔猪发病后主要表现为呼吸困难、明显的腹式呼吸和咳嗽等，死亡率可达40%～100%。高致病性猪蓝耳病主要以猪体温升高、皮肤发红和呼吸急促等为主要临床特征，其发病率高、病死率高、治愈率低。

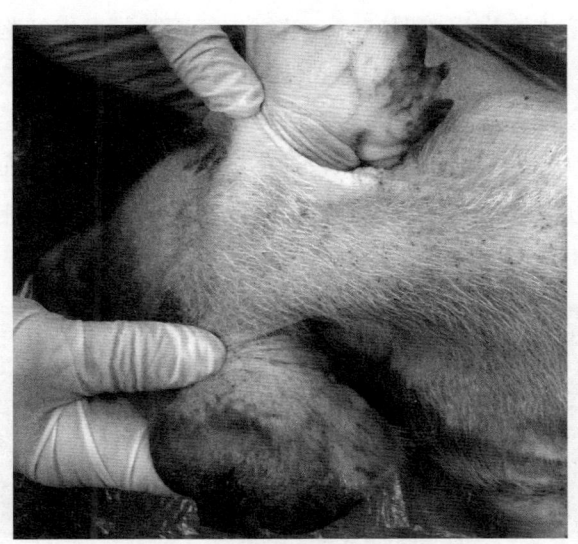

图24　猪蓝耳病病猪耳尖发绀

4. 病变特征

剖检变化以弥散性、出血性间质肺炎，淋巴结和各内脏器官不同程度出血为突出特征，几乎所有猪蓝耳病病猪的淋巴结都发生了严重的坏死性变化。病理变化主要表现在肺和淋巴结，因为PRRSV主要是在单核-巨噬细胞系统内进行复制的，PRRSV侵害免疫器官是因为淋巴结和脾含有丰富的血管及大量的游离或固定的巨噬细胞。当病毒随血流进入淋巴结和脾脏后，除引起广泛性血管炎和炎性细胞聚集外，病毒还随渗出物进入组织各部位并被巨噬细胞吞噬，同时病毒在其内复制，结果造成坏死性炎症的特征性变化；淋巴结损伤几乎是全身性的，脾的变化也是普遍存在的，只是程度不同。由于淋巴结、淋巴小结、副皮质区及脾脏的白髓和红髓都受到了广泛的破坏，致使机体的体液免疫和细胞免疫能力降低。感染猪的肺泡巨噬细胞、血管内皮细胞及其他部位的单核–巨噬细胞系统的细胞都受到了普遍性的损伤，表现为肿胀、坏死、脱落和发生广泛性的溶细胞作用（图25）；各级支气管黏膜上皮细胞肿胀、坏死、脱落，从而使支气管、细支气管的清除机能被严重破坏。血液涂片检查发现，病猪外周血中的淋巴细胞减少，且多发生变性或坏死；电镜观察发现，淋巴结和脾淋巴细胞的线粒体、粗面内质网都受到了损伤，使其合成和分泌抗体的能力降低，从而不能有效地抵御各种有害物质的侵袭。

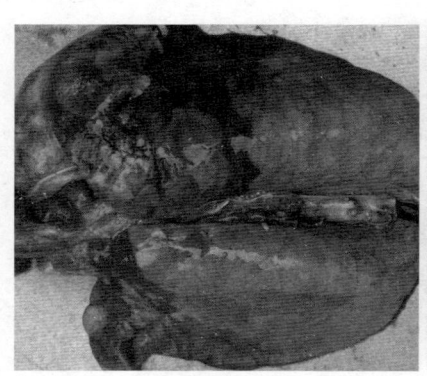

健康猪肺组织　　　　　　　　　　发病猪肺组织

图25　健康猪肺组织与猪蓝耳病病猪肺组织对比

5. 诊断

猪蓝耳病主要表现为母猪繁殖障碍、仔猪断奶前高死亡率、育成猪的呼吸道疾病三大症状。

本病的确诊仍要借助实验室诊断技术，利用病毒分离、血清学检测或分子生物学检测进行确诊，如采用ELISA检测抗体和RT–PCR检测病原核酸等。

6. 免疫方法

猪蓝耳病主要通过疫苗免疫来进行预防和控制。疫苗的免疫方式是通过耳后肌肉注射进行免疫。

（1）灭活疫苗免疫

猪蓝耳病灭活疫苗安全性高，有效灭活的猪蓝耳病灭活疫苗几乎适用于各种不同感染状况的猪群，通常推荐的免疫程序为：①种公猪普免，首免后3周再加强免疫1次，以后每隔3个月免疫1次，每次2毫升。②母猪普免，首免后3周再加强免疫1次，以后每隔3个月免疫1次，每次2毫升。③后备母猪配种前免疫2次，间隔3周，每次2毫升。④仔猪2周龄首免1毫升，间隔3周加强免疫1次，每次1毫升。

（2）活疫苗免疫

母猪、种公猪不建议使用活疫苗进行免疫。

活疫苗的免疫保护期最多6个半月，通常都只有4个月，也有一些为3个月甚至更短。母猪群的集中免疫在初期3个月1次（每年4次），完全稳定之后改为4个月1次（每年3次），甚至可能过渡到跟胎免疫（每年2次），而不要逐年增加免疫次数，免疫剂量以1头份为宜。仔猪免疫一般是在出现临床症状前4周为宜，通常只免疫1次，免疫剂量以1头份为宜。如果离开保育床后，仍然出现猪蓝耳病问题，可能需要考虑二次免疫，免疫时间根据临床诊断结果，总剂量以1头份为宜。

（3）免疫监测

PRRSV感染猪场的监测与评估是防控该病的基础，通常将猪场的感染状况分为四类：阴性猪场、稳定/不活跃猪场、不稳定/活跃猪场和不稳定猪场。

免疫后通常检测血清中M、gp5等跨膜结构蛋白的抗体（免疫或中和相关抗体）和PRRSV的N蛋白抗体（感染抗体）水平，以及血清或唾液中的PRRSV载量来监测疫苗免疫的效果及病毒感染情况。

血清中和相关抗体用海博莱猪蓝耳病抗体ELISA检测试剂盒检测，该试剂盒包被的抗原为PRRSV所有跨膜结构蛋白。其检测原理为特异的病毒抗原被包被在96孔板上，在反应过程中，检测样本被加入反应孔中，样本中的特异性抗体会与孔中包被的特异性抗原反应，在洗板过程中不会被清洗掉，当添加酶标复合物时，这些酶标复合物就会与猪的抗体发生反应，没有结合的酶标复合物在洗板的过程中被清洗；再在反应孔中加入对氧化酶敏感的显色底物，显色的深浅程度与样本所含的抗体浓度成正比。OD_{450}表示加入显色底物后反应体系液体的吸光度，反应液颜色越深，数值越大，对应样本所含的抗体浓度越高。

抗体水平用IRPC值表示，IRPC值＝〔（待检样本OD_{450}－阴性对照OD_{450}均值）/（阳性对照OD_{450}均值－阴性对照OD_{450}均值）〕×100，检测结果判定：IRPC＞20.0时为阳性，说明达到了疫苗免疫的效果；IRPC≤20.0时为阴性，应该及时进行补免。

PRRSV的N蛋白抗体检测试剂盒有爱德士等厂家的猪蓝耳病ELISA抗体检测试剂盒。其检测原理是通过间接ELISA检测血清中PRRSV的N蛋白抗体，用重组N蛋白包被，酶标抗体为猪抗IgG。实验操作步骤是样品稀释、加样、孵育、洗涤；再加入酶标抗体，如果血清中含有N蛋白抗体，则抗体会与酶标板上包被的重组N蛋白结合，酶标抗体也会与血清中N蛋白抗体结合，加入底物后，颜色将会变深。如果血清中没有N蛋白抗体，颜色变化会很小或不发生变化。PRRSV的N蛋白抗体是在疫苗毒株或野毒株感染后产生，灭活疫苗免疫后也会产生维持时间较为短暂的N蛋白抗体。

PRRSV的载量通常是通过实时荧光定量PCR方法检测，检测的数值用CT表示，其含义为荧光信号达到预定阈值的循环数，CT越小，病毒载量越高。爱德士的1-2型猪繁殖与呼吸综合征多重实时定量PCR检测试剂盒提供一种高敏感性和特异性的检测方法，可以检测到在北美地区普遍发现的1型和2型PRRSV的RNA。

7. 疫苗选用

该病的免疫应选择体液免疫和细胞免疫俱佳的疫苗，这样才能真正达到预防及逐渐清除体内病原的效果。目前，市面上的疫苗主要有2种，一种是灭活疫苗，另一种是活疫苗。灭活苗的安全性大大高于弱毒苗，而且不存在散毒的危险。

1）灭活疫苗：具有安全、不散毒，不会发生毒力返强，便于贮存和运输，且对母源抗体的干扰作用不敏感等优点。使用安全、高效的灭活疫苗是猪群实施猪蓝耳病净化的必然选择。目前国内使用的灭活疫苗主要有猪蓝耳病灭活疫苗（CH-la株）。

好的灭活疫苗解决了结构蛋白的中和表位因糖基化屏蔽，以及活病毒感染造成的免疫抑制等难题，且免疫阴性猪是可以产生高水平的中和相关抗体的。另外，质量好的灭活疫苗因抗原含量高，使用了合适的免疫佐剂，不但可以产生良好的体液免疫应答进而诱导产生高水平的特异性中和相关抗体，而且能有效地诱导细胞免疫反应，包括激活$CD4^+$、$CD8^+$细胞和提升机体干扰素（$IFN-\gamma$）水平，其免疫效果比较接近甚至可以媲美活疫苗。灭活疫苗主要工序见图26。

2）活疫苗：目前在国内使用的活疫苗有PRRS-ATP、CH-1R毒株、R-98毒株、JXA-R毒株、HuN4-F112毒株、TJM-92毒株等。虽然活疫苗诱导的免疫持续时间较长、有一定的效果，但部分活疫苗毒力偏强，可能存在散毒、毒力返强及重组等风险。

3）疫苗的选择：免疫接种时免疫程序和疫苗选择十分重要。种猪群和阴性猪群建议选用灭活疫苗，断奶仔猪和生长猪可选用灭活疫苗或活疫苗，活疫苗最好先进行小群试验，再大群投入使用较为稳妥。对于猪蓝耳病发生不稳定的猪群，可以选择灭活疫苗，也

可选择猪群流行毒株同源性较高的活疫苗，同时采用灭+活的免疫程序配合使用。猪群恢复稳定后，停止免疫活疫苗，只免疫灭活疫苗。

疫苗乳化

疫苗分装

轧盖、贴签

图26　猪蓝耳病灭活疫苗生产主要工序

8. 免疫净化

（1）净化评估标准

1）同时满足以下要求，视为达到免疫无疫标准：①生产母猪和后备种猪抽检，PRRSV免疫抗体阳性率90%以上；种公猪抗体抽检均为阴性。②种公猪、生产母猪和后备种猪抽检，猪蓝耳病病原学检测均为阴性。③连续2年以上无临床病例。④现场综合审查通过。

2）同时满足以下要求，视为达到净化标准：①种公猪、生产母猪、后备种猪抽检，PRRSV抗体检测均为阴性。②停止免疫2年以上，无临床病例。③现场综合审查通过。

（2）抽检要求

评估组专家负责设计抽样方案并监督抽样，所在地各级动物疫病预防控制机构配合完成。

（3）免疫无疫评估实验室检测方法

免疫无疫评估实验室检测方法见表5。

表5 免疫无疫评估实验室检测方法

检测项目	检测方法	抽样种群	抽样数量	样本类型
抗体检测	ELISA	种公猪	生产公猪存栏50头以下，100%采样；生产公猪存栏50头以上，按照证明无疫公式计算（$CL=95\%$，$P=3\%$）	血清
病原学检测	PCR	生产母猪	按照证明无疫公式计算（$CL=95\%$，$P=3\%$）；随机抽样，覆盖不同猪群血清	血清
		后备种猪		
抗体检测	ELISA	生产母猪	按照预估期望值公式计算（$CL=95\%$，$P=90\%$，$e=10\%$）	血清
		后备种猪	按照预估期望值公式计算（$CL=95\%$，$P=90\%$，$e=10\%$）	

（4）净化评估实验室检测方法

净化评估实验室检测方法见表6。

表6 净化评估实验室检测方法

检测项目	检测方法	抽样种群	抽样数量	样本类型
抗体检测	ELISA	种公猪	生产公猪存栏50头以下，100%采样；生产公猪存栏50头以上，按照证明无疫公式计算（$CL=95\%$，$P=3\%$）	血清
		生产母猪	按照证明无疫公式计算（$CL=95\%$，$P=3\%$）；随机抽样，覆盖不同猪群	血清
		后备种猪		

四、口　蹄　疫

口蹄疫是由口蹄疫病毒（foot and mouth disease virus，FMDV）引发猪、牛、羊等偶蹄动物感染的一种急性、热性、高度接触性传染病。世界动物卫生组织（office international des épizooties，OIE）将口蹄疫列为法定报告的动物疫病，我国也将其列为一类动物疫病。

1. 病原特性

FMDV属于小核糖核酸病毒科口蹄疫病毒属，为RNA病毒。FMDV变异性极强，有O、A、C、SAT1、SAT2、SAT3和Asia1型共7个血清型。我国主要流行A型、O型、Asia1型。不同血清型之间不能交叉保护，同一血清型又有多个基因群和基因亚型，部分毒株之间交叉保护力微弱或不能产生有效免疫保护，使该疫病难以防控和净化。当前我国口蹄疫流行毒株依然复杂，O型口蹄疫有O/Ind-2001e、O/Mya-98和O/CATHAY等毒株，A型为A/Sea-97毒株G2基因群，防控形势依然严峻。

2. 流行情况

本病由患病猪或其他偶蹄兽通过水疱皮、水疱液及分泌物、排泄物和呼出的气溶胶传播。病毒潜伏期和康复后的带毒动物，是造成本病传播的危险传染源。该病毒可通过直接接触和间接接触动物的消化道、呼吸道、损伤的皮肤黏膜造成感染。FMDV在空气中存活的时间相对较长，其可以在空气中形成一种极小体积的气溶胶粒子，在风力影响下进行远距离传播，甚至可达数千米以外的区域。

3. 症状表现

本病潜伏期为1～2天。病猪体温40～41℃，精神沉郁，食欲减退或废绝，在蹄冠、蹄踵、蹄叉、副蹄、吻突皮肤，口腔腭部，颊部，以及舌面黏膜等部位出现大小不等的水泡和溃疡（图27、图28），水泡也会出现于母猪的乳头、乳房等部位。有些病猪患肢不能着地，卧地不起，哺乳仔猪多因急性胃肠炎和心肌炎而死亡，病死率达60%~80%。

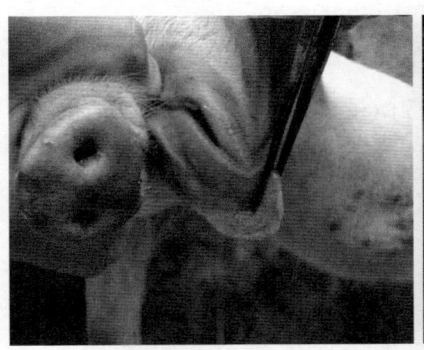 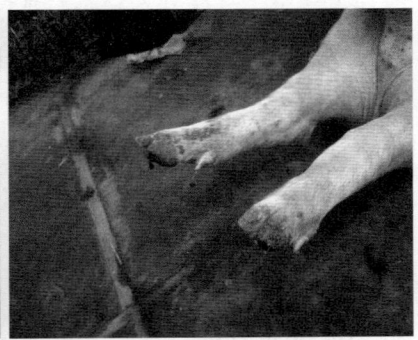

图27　口蹄疫引起鼻吻与舌面起泡后糜烂　　图28　口蹄疫引起蹄甲破裂出血

4. 病变特征

口蹄疫的重要诊断依据是心肌病变，具体表现为心包膜有弥漫性及点状出血，心肌表面及切面有灰白色、淡黄色斑点或条纹，称"虎斑心"（图29），心肌柔软、色淡、似煮肉状，但仔猪的"虎斑心"不易见到。

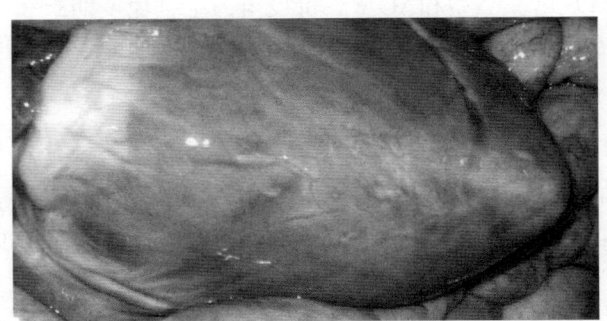

图29　口蹄疫引起"虎斑心"

5. 诊断

根据流行病学、症状和剖检变化等可做出初步诊断。目前口蹄疫诊断技术已从细胞培养、血清学诊断技术领域扩展到分子生物学诊断技术领域。血清型的鉴定方法包括：采集水疱液、水疱皮或恢复期血清进行补体结合试验及乳鼠中和试验等。

病毒中和试验（国际贸易指定方法）即用IBRS-2细胞、BHK-21细胞、羔羊或猪肾细胞在平底的微量板上做FMDV抗体定量中和试验。实时RT-PCR的RNA抽提和反转录步骤与普通凝胶常规PCR方法相同，扩增后产物不需用琼脂糖凝胶电泳，设定循环阈值，每个PCR反应循环次数与荧光量有关，不同类型样品的判定阈值不同。

6. 免疫方法

种猪：常态情况下，每隔6个月免疫1次；仔猪：40～45日龄首免；100～105日龄育成猪加强免疫1次；肉猪出栏前15～20天进行三免。正确评价FMDV抗体水平，避开母源抗体对疫苗的干扰。

7. 疫苗选用

我国农业农村部批准用于预防猪口蹄疫的疫苗包括单价或双价灭活油佐剂疫苗、合成肽疫苗、基因工程疫苗等。猪用口蹄疫灭活疫苗主要以O型、A型和AO型二价疫苗为主，免疫期3～6个月。

8. 免疫净化

（1）净化评估标准

同时满足以下要求，视为达到免疫净化标准：①生产母猪和后备种猪抽检，FMDV免疫抗体合格率90%以上。②种公猪、生产母猪、后备种猪抽检，口蹄疫病原学检测阴性。③连续2年以上无临床病例。④现场综合审查通过。

（2）抽检要求

净化评估专家负责设计抽样方案并监督抽样，所在地各级动物疫病预防控制机构需配合完成。

（3）免疫无疫净化评估实验室检测方法

免疫无疫净化评估实验室检测方法见表7。

表7 免疫无疫净化评估实验室检测方法

检测项目	检测方法	抽样种群	抽样数量	样本类型
病原学检测	PCR	种公猪	生产公猪存栏50头以下，100%采样；生产公猪存栏50头以上，按照证明无疫公式计算（$CL=95\%$，$P=3\%$）	扁桃体
		生产母猪 后备种猪	按照证明无疫公式计算（$CL=95\%$，$P=3\%$）；随机抽样，覆盖不同猪群	血清
抗体检测	ELISA	生产母猪	按照预估期望值公式计算（$CL=95\%$，$P=90\%$，$e=10\%$）	血清
		后备种猪	按照预估期望值公式计算（$CL=95\%$，$P=90\%$，$e=10\%$）	

第四章
免疫参考程序

　　免疫程序不是通用的、一成不变的，养猪地区不同、流行性疾病情况不同、猪群防疫环境不同、猪群健康情况不同等，免疫程序也不同。猪群的免疫程序表仅供参考。

一、种母猪的免疫参考程序

　　种母猪的免疫参考程序见表8。

表8　种母猪的免疫参考程序

免疫时间	使用疫苗
每隔4～6个月	口蹄疫灭活疫苗
初产母猪配种前	猪瘟弱毒疫苗
	猪蓝耳病灭活疫苗
	猪细小病毒灭活疫苗
	猪伪狂犬病基因缺失弱毒疫苗
经产母猪配种前	猪瘟弱毒疫苗
	猪蓝耳病灭活疫苗
产前4～6周	猪伪狂犬病基因缺失弱毒疫苗
	大肠杆菌双价基因工程苗[注1]
	猪传染性胃肠炎、流行性腹泻二联苗[注1]

　　备注：1．种猪70日龄前免疫程序同商品猪。
　　2．乙型脑炎流行或受威胁地区，每年3～5月（蚊虫出现前1～2月），使用乙型脑炎疫苗免疫2次，中间间隔1个月。
　　3．[注1]：根据本地疫病流行情况可选择是否进行免疫。

二、种公猪的免疫参考程序

种公猪的免疫参考程序见表9。

表9　种公猪的免疫参考程序

免疫时间	使用疫苗
每隔4～6个月	口蹄疫灭活疫苗
每隔6个月	猪瘟弱毒疫苗
	猪蓝耳病灭活疫苗
	猪伪狂犬病基因缺失弱毒疫苗

备注：1. 种猪70日龄前免疫程序同商品猪。
　　　2. 乙型脑炎流行或受威胁地区，每年3～5月（蚊虫出现前1～2月），使用乙型脑炎疫苗免疫2次，中间间隔1个月。
　　　3. 猪瘟弱毒疫苗建议使用脾淋疫苗。

三、肉猪的免疫参考程序

肉猪的免疫参考程序见表10。

表10　肉猪的免疫参考程序

免疫时间	使用疫苗
1日龄	猪瘟弱毒疫苗[注1]
7日龄	猪喘气病灭活疫苗[注2]
20日龄	猪瘟弱毒疫苗
21日龄	猪喘气病灭活疫苗[注2]
23～25日龄	猪蓝耳病灭活疫苗
	猪传染性胸膜肺炎灭活疫苗[注2]
	链球菌Ⅱ型灭活疫苗[注2]

续表

免疫时间	使用疫苗
28～35日龄	口蹄疫灭活疫苗
	猪丹毒疫苗、猪肺疫疫苗或猪丹毒–猪肺疫二联苗[注2]
	仔猪副伤寒弱毒疫苗[注2]
	传染性萎缩性鼻炎灭活疫苗[注2]
55日龄	猪伪狂犬病基因缺失弱毒疫苗
	传染性萎缩性鼻炎灭活疫苗[注2]
60日龄	口蹄疫灭活疫苗
	猪瘟弱毒疫苗
70日龄	猪丹毒疫苗、猪肺疫疫苗或猪丹毒–猪肺疫二联苗[注2]

备注：1. 猪瘟弱毒疫苗建议使用脾淋疫苗。
　　　2. ［注1］：在母猪带毒严重，垂直感染引发哺乳仔猪猪瘟的猪群实施。
　　　3. ［注2］：根据本地疫病流行情况可选择是否进行免疫。

四、免疫技术要求

①必须使用经国家批准生产或已注册的疫苗，并做好疫苗管理，按照疫苗保存条件进行贮存和运输。②免疫接种时应按照疫苗产品说明书要求规范操作，并对废弃物进行无害化处理。③免疫过程中要做好各项消毒，同时要做到"一猪一针头"，防止交叉感染。④经免疫监测，免疫抗体合格率达不到规定要求时，尽快实施1次加强免疫。⑤当发生动物疫情时，应对受威胁的猪进行紧急免疫。⑥建立完整的免疫档案。

第五章
动物疫病免疫净化监测技术

对目标猪群进行疫病净化需要进行多次的监测和淘汰。目标猪群监测主要采用实验室监测方法，通常是以血清学与病原学监测为主，首先对目标群中一定数量的动物样本进行抽样监测，淘汰病原监测结果为阳性的猪个体，然后对阳性个体的同栏或同群猪进行全群监测和密切观察，掌握疫病的横向传播情况，及时清除隐性感染个体。在实验室进行目标猪群反复监测和淘汰时需掌握相应的监测技术，下面介绍病原净化检测和抗体检测常用的技术。

一、病原净化检测

1. PCR检测技术

聚合酶链式反应（polymerase chain reaction，PCR）是20世纪80年代中期发展起来的体外核酸扩增技术。它具有特异、敏感、产率高、快速、简便、重复性好、易自动化等突出优点；能在一个试管内将所要研究的目的基因或某一DNA片段于数小时内扩增至十万乃至百万倍，使肉眼能直接观察和判断；可从一根毛发、一滴血，甚至一个细胞中扩增出足量的DNA供分析研究和检测鉴定。

2. 实时荧光定量PCR检测技术

实时荧光定量PCR（quantitative real-time PCR，qPCR）是一种在DNA扩增反应中，以荧光化学物质检测每次PCR循环后产物总量的方法。通过内参法或者外参法对待测样品中的特定DNA序列进行定量分析。通过荧光信号，对PCR进程进行实时检测。

3. 免疫荧光技术

免疫荧光技术是将免疫学方法（抗原抗体特异性结合）与荧光标记技术结合起来研究特异性蛋白抗原在细胞内分布的方法。由于荧光素所发的荧光可在荧光显微镜下检出，从而可对抗原进行细胞定位。

二、抗 体 检 测

1. 免疫酶技术

免疫酶技术也叫酶免疫测定，是通过酶标记抗体或抗原来检测抗原或抗体的方法，其应用范围极广。显示方法是用酶的特殊底物来处理反应后的标本，通过酶催化底物的显色反应来测定抗原或抗体的存在，以酶标作定量或定性分析。标记酶有辣根过氧化物酶和碱性磷酸酶等，它们与抗原或抗体结合后活性不受影响。底物一般是邻苯二胺和对硝基苯磷酸酯。免疫酶技术具有敏感性高、特异性强，既可定性又可定量的特点。

2. 免疫组化

免疫组化是应用免疫学基本原理——抗原抗体反应，即抗原与抗体特异性结合的原理，通过化学反应使标记抗体的显色剂（荧光素、酶、金属离子、同位素）显色来确定组织细胞内抗原（多肽和蛋白质），对其进行定位、定性及相对定量的研究，也称为免疫组织化学技术或免疫细胞化学技术。

3. 免疫印迹

免疫印迹又称蛋白质印迹，是根据抗原抗体的特异性结合检测复杂样品中的某种蛋白质的方法。该法是在凝胶电泳和固相免疫测定技术基础上发展起来的一种新的免疫生化技术。由于免疫印迹具有十二烷基硫酸钠-聚丙烯酰胺凝胶电泳（SDS-PAGE）的高分辨力和固相免疫测定的高特异性和敏感性，现其已成为蛋白质分析的一种常规技术。免疫印迹常用于鉴定某种蛋白质，并能对蛋白质进行定性和半定量分析。结合化学发光检测，可以同时比较多个样品同种蛋白质的表达量差异。

4. 双向琼脂扩散

双向琼脂扩散试验常用于定性检测，也可用于半定量检测。将抗原与抗体分别加入琼脂凝胶板上相邻近的小孔内，让它们相互向对方扩散。当两者在最适当比例处相遇时，即形成一条清晰的沉淀线。根据是否出现沉淀线，可用已知的抗体鉴定未知的抗原，或用已知的抗原鉴定未知的抗体。

第六章
动物疫病免疫净化评估认证

猪群重点疫病免疫净化技术

一、种猪场主要疫病净化评估标准

中国动物疫病预防控制中心组织制定了《动物疫病净化场评估管理指南》《动物疫病净化场评估技术规范（2021版）》（疫控监函［2021］156号），依据种猪场主要疫病净化现场审查评分表（试行）（表11），现场综合审查必备条件全部满足，总分不低于80分，为现场综合审查通过。广东省规定现场综合评估必备条件全部满足，总分不低于90分，且关键项（*项）全部满分，为现场综合审查通过。净化评估专家负责设计抽样方案并监督抽样，并与所在地各级动物疫病预防控制机构配合完成。

表11　种猪场主要疫病净化现场审查评分表（试行）

类别	编号	具体内容及评分标准	关键项	分值	得分	扣分原因	合计
必备条件	I	土地使用应符合相关法律法规与区域内土地使用规划，场址选择应符合《中华人民共和国畜牧法》和《中华人民共和国动物防疫法》有关规定	必备条件				
	II	应具有县级以上畜牧兽医主管部门备案登记证明，并按照农业农村部《畜禽标识和养殖档案管理办法》要求，建立养殖档案					
	III	应具有县级以上畜牧兽医主管部门颁发的《动物防疫条件合格证》，两年内无重大疫病和产品质量安全事件发生记录					
	IV	种畜禽养殖企业应具有县级以上畜牧兽医主管部门颁发的《种畜禽生产经营许可证》					
	V	应有病死动物和粪污无害化处理设施设备或有效措施					
	VI	种猪场生产母猪存栏500头以上（地方保种场除外）					

类别	编号	具体内容及评分标准	关键项	分值	得分	扣分原因	合计
人员管理5分	1	应建立净化工作团队，并有名单和责任分工等证明材料，有员工管理制度		1			
	2	全面负责疫病防治工作的技术负责人应具有畜牧兽医相关专业本科以上学历或中级以上职称，从事养猪业3年以上		1.5			
	3	应有员工疫病防治培训制度和培训计划，有近1年的员工培训考核记录		1			
	4	从业人员应有健康证明		0.5			
	5	本场专职兽医技术人员至少1名获得《执业兽医师资格证书》，并有专职证明材料（如社保或工资发放证明等）		1			
结构布局10分	6	场区位置独立，与主要交通干道、居民生活区、生活饮用水源地、屠宰场、交易市场隔离距离要求见《动物防疫条件审查办法》		2			
	7	场区周围应有围墙、防风林、灌木、防疫沟或其他物理屏障等隔离设施或措施		0.5			
	8	养殖场应有防疫警示标语、警示标牌等防疫标志		0.5			
	9	种猪、生长猪等宜按照饲养阶段分别饲养在不同地点，每个地点相对独立且相隔一定距离		2			
	10	办公区、生产区、生活区、粪污处理区和无害化处理区应严格分开，界限分明；生产区距离其他功能区50米以上或通过物理屏障有效隔离；场内出猪台与生产区应相距50米以上或通过物理屏障有效隔离		2			
	11	场内净道与污道应分开，如存在部分交叉，应有规定使用时间和消毒措施		1			
	12	应设置独立的出猪中转站		2			

续表

类别	编号	具体内容及评分标准	关键项	分值	得分	扣分原因	合计
栏舍设置6分	13	应有独立的引种隔离舍		1			
	14	应有与生产区间隔300米以上或通过物理屏障有效隔离的病猪专用隔离治疗舍		1			
	15	可设预售种猪观察舍		1			
	16	每栋猪舍均应有自动饮水系统		0.5			
	17	保育舍应有可控的饮水加药系统		0.5			
	18	猪舍通风、换气和温控等设施应运转良好		1			
	19	应有称重装置、装（卸）平台等设施		1			
卫生环保6分	20	场区应无垃圾及杂物堆放		1			
	21	场区实行雨污分流，符合NY/T 682的要求		1			
	22	生产区具备有效的预防鼠、防虫媒、防犬猫、防鸟进入的设施或措施		1			
	23	场区禁养其他动物，并应有防止周围其他动物进入场区的设施或措施		1			
	24	应有固定的猪粪贮存、堆放设施设备和场所，存放地点有防雨、防渗漏、防溢流措施		1			
	25	水质检测应符合人畜饮水卫生标准		0.5			
	26	应具有县级以上环保行政主管部门的环评验收报告或许可		0.5			

类别	编号	具体内容及评分标准	关键项	分值	得分	扣分原因	合计
无害化处理9分	27	应有粪污无害化处理制度，场区内应有与生产规模相匹配的粪污处理设施设备，宜采用堆肥发酵方式对粪污进行无害化处理，处理结果应符合NY/T 1168的要求		3			
	28	应有病死猪无害化处理制度，无害化处理措施见《病死及病害动物无害化处理技术规范》		2			
	29	病死猪无害化处理设施或措施运转应有效并符合生物安全要求		2			
	30	应有病死猪隔离、淘汰、诊疗、无害化处理等相关记录		2			
消毒管理12分	31	场区外设置独立的入场车辆清洗消毒站		1			
	32	场区入口应设置车辆消毒池、覆盖全车的消毒设施，以及人员消毒设施		2			
	33	应有场区消毒及管理制度和岗位操作规程，并对车辆及人员出入和消毒情况进行记录		2			
	34	生产区入口应设置人员消毒、淋浴、更衣设施		1			
	35	应有本场职工、外来人员进入生产区消毒及管理制度，有出入登记制度，对人员出入和消毒情况进行记录		2			
	36	每栋猪舍入口应设置消毒设施，人员有效消毒后方可进入猪舍		2			
	37	栋舍、生产区内部有定期消毒措施，有消毒制度和岗位操作规程，对栋舍、生产区内部消毒情况进行记录		1			
	38	应有消毒液配制和管理制度，有消毒液配制及更换记录		0.5			
	39	应开展消毒效果评估，并有评估记录		0.5			

续表

类别	编号	具体内容及评分标准	关键项	分值	得分	扣分原因	合计
生产管理8分	40	产房、保育舍和生长舍应实现猪群全进全出		2			
	41	投入品（含饲料、兽药、生物制品）使用管理制度，应有投入品使用记录		1			
	42	应将投入品分类分开储藏，标识清晰		1			
	43	应有配种、妊检、产仔、哺育、保育与生长等生产记录		1			
	44	应有健康巡查制度及记录		1			
	45	根据当年生产报表，母猪配种分娩率（分娩母猪/同期配种母猪）应在80%（含）以上		1			
	46	全群成活率应在90%以上		1			
防疫管理9分	47	应建立适合本场的卫生防疫制度和突发传染病应急预案		2			
	48	应有独立兽医室，兽医室具备正常开展临床诊疗和采样设施，有兽医诊疗与用药记录		3			
	49	病死动物剖检场所应符合生物安全要求，有完整的病死动物剖检记录及剖检场所消毒记录		1			
	50	应有动物发病记录、阶段性疫病流行记录或定期猪群健康状态分析总结		1			
	51	应有免疫制度、计划、程序和记录		2			

类别	编号	具体内容及评分标准	关键项	分值	得分	扣分原因	合计
种源管理12分	52	应有引种管理制度和引种记录		1			
	53	应有引种隔离管理制度和引种隔离观察记录		1			
	54	国内引种应来源于有《种畜禽生产经营许可证》的种猪场；外购精液应有《动物检疫合格证明》；国外引进种猪、精液应有国务院农业农村或畜牧兽医行政主管部门签发的审批意见及海关相关部门出具的检测报告		1			
	55	引种种猪应具有种畜禽合格证、动物检疫合格证明、种猪系谱证		1			
	56	引入种猪入场前、外购供体/精液使用前、本场供体/精液使用前有非洲猪瘟病原检测报告且结果为阴性		2			
	57	引入种猪入场前、外购供体/精液使用前、本场供体/精液使用前应有非洲猪瘟、猪口蹄疫、猪伪狂犬病、猪瘟、猪繁殖与呼吸综合征病原或感染抗体检测报告且结果为阴性	*	4			
	58	本场销售种猪或精液应有非洲猪瘟、猪口蹄疫、猪伪狂犬病、猪瘟、猪繁殖与呼吸综合征抽检记录，并附具《动物检疫合格证明》		1			
	59	应有近3年完整的种猪销售记录		1			

续表

类别	编号	具体内容及评分标准	关键项	分值	得分	扣分原因	合计
监测净化14分	60	应有非洲猪瘟、猪口蹄疫、猪伪狂犬病、猪瘟、猪繁殖与呼吸综合征年度（或更短周期）监测净化方案和检测报告	*	4			
	61	根据监测净化方案开展疫病净化，检测、淘汰记录能追溯到种猪及后备猪群的唯一性标识（如耳标号）	*	3			
	62	应有3年以上的净化工作实施记录，记录保存3年以上	*	3			
	63	应有定期净化效果评估和分析报告（生产性能、发病率、阳性率等）		2			
	64	实际检测数量与应检测数量基本一致，检测试剂购置数量或委托检测凭证与检测量相符		2			
场群健康9分	应具有近1年内有资质的兽医实验室监督检验报告（每次抽检数不少于30头）并且结果符合以下标准						
	65	猪伪狂犬病净化示范场：符合净化评估标准；创建场及其他病种示范场：种猪群或后备猪群猪伪狂犬病免疫抗体阳性率≥80%，病原或感染抗体阳性率≤10%	*	1/5#			
	66	猪瘟净化示范场：符合净化评估标准；创建场及其他病种示范场：种猪群或后备猪群猪瘟免疫抗体阳性率≥80%	*	1/5#			
	67	猪繁殖与呼吸综合征净化示范场：符合净化评估标准；创建场及其他病种示范场：近2年内猪繁殖与呼吸综合征无临床病例	*	1/5#			
	68	猪口蹄疫净化示范场：符合净化评估标准；创建场及其他病种示范场：口蹄疫免疫抗体阳性率≥70%，病原或感染抗体阳性率≤10%	*	1/5#			
总分				100			

注：1. 创建场总分不低于80分，为现场评审通过；示范场总分不低于90分，且关键项（*项）全部满分，为现场评审通过。

2. #申报评估的病种该项分值为5分，其余病种为1分。

二、动物疫病净化示范场创建场申报

将猪口蹄疫、猪伪狂犬病、猪瘟、高致病性猪繁殖与呼吸综合征等纳入净化示范创建范畴。各规模化养猪场参照中国动物疫病预防控制中心《动物疫病净化场评估管理指南》《动物疫病净化场评估技术规范（2021版）》（疫控监函［2021］156号）、《动物疫病净化示范场、创建场评估标准和评估方案》（粤农农规［2019］8号），采取有效措施，制定适合本场的净化方案，实行"一场一策""一病一策"，达到净化标准。

规模化猪场符合《动物疫病净化创建示范场评估标准》或《动物疫病净化创建场评估标准》要求后，可按照广东省《动物疫病净化示范场、创建场评估标准和评估方案》要求，及时申报评估。

对于评估合格的规模化养殖场，广东省农业农村厅颁发对应病种的净化示范场/净化创建场牌匾，并予以备案。评估不合格的种猪场，6个月后可重新提出评估申请。

对评估合格的净化场实行年检及日常监督检查制度，对年检和日常监督检查不合格的种猪场收回相应净化牌匾，不合格的种猪场经整改后，可在6个月后重新申请评估。

参 考 文 献

单虎，朱连德，2018. 改革开放40年中国猪业发展与进步：猪病防控［M］.
北京：中国农业大学出版社.

李舫，2015. 动物微生物与免疫技术［M］. 2版. 北京：中国农业出版社.

王明俊，1997. 兽医生物制品学［M］. 北京：中国农业出版社.

宣长和，卢兆彩，于长江，2016. 猪传染病诊断与防治彩色图谱［M］. 武
汉：湖北科学技术出版社.

杨文，王振华，邓灶福，2016. 动物微生物［M］. 武汉：华中科技大学出
版社.

运建凌，2020. 猪繁殖与呼吸综合征的流行特点、临床表现、剖检变化和防控
措施［J］. 现代畜牧科技（12）：128-129.

MOENNIG V, BECHER P, BEER M, 2013. Classical swine fever［M］
//DIXON L K, ABRAMS C C, CHAPMAN D D G, et al. Vaccines and
diagnostics for transboundary animal diseases. Basel：Karger Publishers，
135：167-174.

MUSIC N, GAGNON C A, 2010. The role of porcine reproductive and
respiratory syndrome（PRRS）virus structural and non-structural proteins in
virus pathogenesis［J］. Animal health research reviews, 11（2）：135-
163.